MEERSCHWEINCHEN BUCH

Meerschweinchen artgerecht halten

Alles über Futter, Pflege, Beschäftigung, Verhalten uvm.

+ das optimale Meerschweinchen Gehege bauen

Jakob Seifert

Redaktion: Finn Alexander Dubbels

Lektorat: Matthias Kramer

Druck/Auslieferung: WirmachenDruck

Cover: Miroslav Hlavko - shutterstock.com

Impressum:

Eulogia Verlags GmbH

Nagelsweg 22a

20097 Hamburg

Deutschland

Wir wünschen viel Vergnügen beim Lesen!

MEERSCHWEINCHEN BUCH

INHALTSVERZEICHNIS

Vorwort

Meerschweinchen gelten als ideales erstes Tier für jüngere Kinder. Sie zählen in Deutschland und Österreich sogar zu den beliebtesten Kleintieren. Die Käfige lassen sich einfach in der Wohnung unterbringen und im Urlaub können die Meerschweinchen einfach in einer Tierhandlung oder Tierpension geparkt werden. Manchmal schauen auch nur Freunde kurz vorbei, um den Tieren Futter und frisches Wasser zu geben.

Für Kuschelstunden werden die kleinen Meerschweinchen einfach aus dem Käfig gehoben. Der Kontakt wird den Tieren aufgezwungen, ohne darüber nachzudenken, ob sie dazu auch bereit sind. Schließlich halten die putzigen Tierchen ja still. Sie müssen das Streicheln also genießen.

Aber ist das wirklich so? Sind Meerschweinchen süße Streicheltiere, die keine besonderen Ansprüche an die Haltung stellen?

Meerschweinchen sind nicht so pflegeleicht, wie sie wirken. Die Tiere haben besondere Ansprüche an die Haltung, die Käfigausstattung und den Kontakt mit den Menschen. Mit dem Kauf der Nagetiere wird für acht bis zehn Jahre Verantwortung für das Wohlbefinden der Tiere übernommen. Damit sich die Meerschweinchen in ihrem neuen Zuhause auch wohlfühlen, müssen die Eigenarten und besonderen Bedürfnisse berücksichtigt werden.

Das Buch bietet Ihnen alle Basisinformationen, die Sie für die Haltung Ihrer ersten Meerschweinchen benötigen. Sie erhalten Tipps über die Käfiggröße und Ausstattung und können so Fehlkäufe vermeiden. Neben der Fütterung werden auch Besonderheiten im Verhalten und Erkrankungen angesprochen.

Auch wenn die putzigen Nager eher anspruchsvoll sind, wird es Ihnen mithilfe dieses Buches leichtfallen, den Tieren eine optimale Haltung zu bieten. Dann steht einer tiefen und erfüllenden Freundschaft nichts mehr im Wege. Sie werden durch die optimale Haltung schnell bemerken, wie interessant Meerschweinchen sind. Auch wenn es nicht so einfach zu erkennen ist, steckt in jedem der kleinen Nagetiere eine Persönlichkeit mit besonderen Charakterzügen.

Mit diesem Buch erhalten Sie alle Informationen, die Sie benötigen, um den kuscheligen Quietschkugeln ein artgerechtes und tiergerechtes Leben zu ermöglichen. Und jetzt wünsche ich Ihnen viel Vergnügen beim Lesen dieses0 Buches. Es wird Sie perfekt auf die Haltung Ihrer ersten Meerschweinchen vorbereiten.

Merkmale und Historie der Meerschweinchen

Meerschweinchen, Cavia Procellus, leben in Südamerika in den Anden. Von diesen Nagetieren stammen die heutigen Hausmeerschweinchen, Cavia Cutleri, ab.

Geschichte der Meerschweinchen

Bereits 5000 Jahre vor Christus haben die südamerikanischen Ureinwohner im heutigen Peru, Bolivien und Ecuador damit begonnen, wilde Meerschweinchen zu domestizieren. Sie hielten die putzigen Meeris nicht nur zur Fleischgewinnung. Die Nagetiere wurden verehrt und bei religiösen Ritualen den Göttern der Inkas geopfert.

In dieser Zeit begann auch die Entwicklung neuer, exotischer Meerschweinchen-Rassen durch die Züchter. Vor allem die adeligen Familien legten großen Wert auf das besonders vielfältige Äußere der Tiere.

Im 16. Jahrhundert entwickelten sich gute Handelsbeziehungen zwischen Südamerika und Europa. Bei den reichen Familien und Mitgliedern der Königshäuser waren die Nagetiere zur Unterhaltung sehr begehrt. So ist zum Beispiel bekannt, dass sich Königin Elizabeth I. von England gerne von Meerschweinchen unterhalten ließ. Heute haben die kleinen Nager in Europa ihren festen

Platz unter den Heimtieren erobert. In Südamerika kann man die wilden Vorfahren der Meerschweinchen, die Tschudi-Meerschweinchen, noch heute in den weiten Graslandschaften und den Anden bis zu einer Höhe von 4000 Metern beobachten.

Woher stammt die Bezeichnung „Meerschweinchen"

Meerschweinchen sind ja keine Schweine, sondern Nagetiere. Woher kommt also die Bezeichnung. Eine Theorie besagt, dass die quiekenden Rufe der Meerschweinchen der Grund für ihre Bezeichnung waren. Andere Spekulationen besagen, dass der Name auf dem Geschmack des Fleisches, das an Spanferkel erinnern soll, beruht. Für diese Theorie spricht auch, dass die Seefahrer früher die Meerschweinchen als lebenden Proviant auf den Seereisen mit sich führten. Die kleinen Tiere waren einfacher auf den Schiffen unterzubringen als große Schweine. In England wurde die Bezeichnung Schweinchen (pig) mit dem Handelswert der Nagetiere verknüpft. Diese kosteten zu Zeiten von Königin Viktoria einen Guinea. Noch heute wird in England der Name Guinea Pig verwendet.

6

Meerschweinchen-Rassen

Durch die Zucht konnten verschiedene Meerschwein-chen-Rassen mit unterschiedlichem Aussehen entwickelt werden. Vielfach unterscheiden sich die Rassen auch in wesentlichen Charakterzügen. Doch eines gilt für alle Meerschweinchen-Rassen: Ein Tier ist interessanter und hübscher als das andere.

Kurzhaar-Meerschweinchen

- Glatthaar-Meerschweinchen
- Rex-Meerschweinchen
- Ridgeback-Meerschweinchen
- Crested-Meerschweinchen
- Curly-Meerschweinchen
- Kurzhaarperuaner
- US-Teddy-Meerschweinchen
- CH-Teddy-Meerschweinchen
- Somali-Meerschweinchen
- Rosette

Das Fell der Kurzhaar-Meerschweinchen ist besonders einfach zu pflegen. Es genügt, die Nager von Zeit zu Zeit zu bürsten. Tägliches Kämmen ist nicht erforderlich. Daher sind die Glatthaar-Meerschweinchen auch gut

als kleine Heimtiere für Familien mit Kindern geeignet.

Glatthaar-Meerschweinchen

Das Fell, dessen Haare bis zu drei Zentimetern lang sind, liegt eng am Körper an. Wirbel oder ein Backenbart sind nicht vorhanden. Die Meerschweinchen können ihr Fell selbst reinigen. Es bilden sich kaum Haarknötchen. Bei starken Verschmutzungen wird das Fell mit einem Kamm oder einer weichen Bürste gereinigt. Trotz vieler verschiedener Farben ist das Glatthaar-Meerschweinchen seinen wilden Vorfahren sehr ähnlich. Hautkrankheiten oder andere krankhafte Veränderungen sind einfach zu erkennen. Durchschnittlich leben die für Anfänger geeigneten Glatthaar-Meerschweinchen vier bis sechs Jahre. Es gibt aber auch Tiere, die bei optimaler Haltung acht oder sogar zehn Jahre alt werden.

Rex-Meerschweinchen

Rex-Meerschweinchen besitzen ein kurzes, krauses Fell, das etwas vom Körper des Schweinchens absteht. Die Fellhaare fühlen sich struppig an und sind am Bauch in lockere Wellen gelegt. Auch die Sinneshaare sind leicht gekräuselt. Rex-Meerschweinchen sind besonders groß. Sie können bis zu 38 Zentimetern lang werden. Obwohl das Fell kurz ist, können Knötchen entstehen. Diese werden am besten mit einer weichen Bürste oder einem Kamm ausgebürstet. Die Krallen sind besonders fest und dick. Sie wachsen sehr schnell und müssen regelmäßig geschnitten werden. Rex-Meerschweinchen können auch von Anfängern gehalten werden.

Ridgeback-Meerschweinchen

Ridgeback-Meerschweinchen sind durch die Kreuzung von Glatthaar-Meerschweinchen und Rosetten-Meerschweinchen entstanden. Die erste Zucht fand 1995 in England statt. In Deutschland sind die Ridgeback-Meerschweinchen noch nicht weit verbreitet.

Entlang der Wirbelsäule wächst das Fell in die entgegengesetzte Richtung und bildet einen gut sichtbaren Kamm. Die Ridgeback-Meerschweinchen können zwischen fünf und zehn Jahren alt werden.

Crested-Meerschweinchen

Crested-Meerschweinchen sind auch als Schopf-Meerschweinchen bekannt. In der Mitte der Stirn befindet sich ein Haarwirbel, die Krone, die aus kontrastfarbenen Haaren besteht. Nach der Fellfarbe werden American-Crested- und English-Crested-Meerschweinchen unterschieden. Häufig werden von den Züchtern zur Blutauffrischung Glatthaar-Meerschweinchen eingekreuzt.

Curly-Meerschweinchen

Curly-Meerschweinchen besitzen ein lockiges Fell in den verschiedensten Farbvarianten. In dem gekräuselten Fell treten im Unterschied zu der Unterart Abyssinian Curly keine Wirbel auf. Die Meerschweinchen, die bis zu 30 Zentimetern lang werden, haben eine Lebenserwartung von drei Jahren.

Kurzhaarperuaner

Kurzhaarperuaner besitzen ein glattes Fell von mittlerer Länge und zwei Haarwirbel im Bereich der Hüfte. Die seltene Meerschweinchen-Rasse ist einfach zu halten und erfordert nicht besonders viel Pflege. Die Lebenserwartung liegt zwischen vier und sechs Jahren. Die Peruaner-Meerschweinchen gibt es mit zwei verschiedenen Felllängen: Kurzhaarperuaner und Langhaarperuaner. Von den Irish Crested unterscheiden sich die Tiere durch die Position der Haarwirbel.

US-Teddy-Meerschweinchen

Die US-Teddy-Meerschweinchen besitzen ein krauses und abstehendes Fell. Sie sind äußerlich den Rex-Meerschweinchen ähnlich. Als bestes Unterscheidungsmerkmal der beiden Rassen dienen die Sinneshaare, die bei den US-Teddy-Meerschweinchen immer glatt sind. Das Fell muss regelmäßig gebürstet werden, da abgestorbene Haare meistens nicht ausfallen. Die US-Teddy-Meerschweinchen eignen sich besonders gut für die Haltung in einem Freigehege. Die Lebenserwartung liegt zwischen vier und acht Jahren.

CH-Teddy-Meerschweinchen

Das CH-Teddy-Meerschweinchen ist ein richtiges Flauschi. Sein mittellanges, dichtes Fell steht vom Körper ab. Die Fellhaare müssen regelmäßig mit einer Schere gekürzt werden. Die Lebenserwartung der Tiere, die gut von Anfängern gehalten werden können, liegt zwischen vier und sechs Jahren.

Somali-Meerschweinchen

Das Somali-Meerschweinchen ist aus der Kreuzung von Rosetten-Meerschweinchen und Rex-Meerschweinchen entstanden. Das mittellange Fell ist lockig, es sind mehrere Wirbel vorhanden. Die bis zu 30 Zentimetern langen Tiere werden acht bis zehn Jahre alt. Sie werden schnell zahm und können auch von Anfängern gut gehalten werden. Offiziell ist diese Meerschweinchen-Rasse noch nicht für Ausstellungen anerkannt worden.

Rosetten-Meerschweinchen

Die Rosetten-Meerschweinchen sind besonders frech. Obwohl das Fell über mehrere Wirbel verfügt, ist die Fellpflege einfach. Eine weiche Bürste genügt, um den Schmutz aus den Fellhaaren zu bürsten. Die Haare stehen vom Körper ab, sehen stachelig aus und fühlen sich rau an. Die Rosetten-Meerschweinchen haben eine Lebenserwartung von vier bis sechs Jahren und können auch von Anfängern gut gehalten werden.

11

Langhaar-Meerschweinchen

- Merino-Meerschweinchen

- Texel-Meerschweinchen

- Sheltie-Meerschweinchen

- Langhaarperuaner

- Coronet-Meerschweinchen

- Angora-Meerschweinchen

- Mohair-Meerschweinchen

- Alpaka-Meerschweinchen

- Lunkarya-Meerschweinchen

Merino-Meerschweinchen

Das Fell der Merino-Meerschweinchen ist lockig und vor allem am Bauch besonders dicht. An der Stirn sitzt ein Haarwirbel. Die Haare müssen zweimal im Monat mit einer Schere gekürzt und täglich gekämmt werden. Die Lebenserwartung liegt zwischen vier und sechs Jahren.

Texel-Meerschweinchen

Am Kopf ist das krause Fell kurz, nur am Körper besitzt das Texel-Meerschweinchen lange Haare. Die bis zu 12 Zentimetern langen Locken sind korkenzieherartig gedreht. Aufgrund der aufwendigen Fellpflege ist diese Meerschweinchen-Rasse für Fortgeschrittene geeignet. Die Texel-Meerschweinchen, die sechs

Jahre alt werden können, gehören zu den kleinsten
Meerschweinchen-Rassen.

Sheltie-Meerschweinchen

Die Sheltie-Meerschweinchen sind wegen ihres
langen und glatten Fells besonders beliebt. Das seidig
schimmernde Fell fällt nicht in das Gesicht des Meer-
schweinchens, sondern direkt nach hinten in den Nacken.
Der Backenbart verleiht den Nagern ein verschmustes
Aussehen. Shelties benötigen in ihrem Käfig viel Platz.
Ein täglicher Auslauf ist notwendig. Für die Haltung im
Freien sind die Sheltie-Meerschweinchen nicht geeignet.

Langhaarperuaner

Das Langhaarperuaner-Meerschweinchen sieht ebenso
aus wie das Kurzhaarperuaner-Meerschweinchen. Nur
die Haare sind länger und müssen regelmäßig gekämmt
und gebürstet werden. An beiden Augen befinden sich
Haarwirbel, die den Pony von den Augen fernhalten.

Coronet-Meerschweinchen

Coronet-Meerschweinchen besitzen am Kopf ein kurzes
Fell. Die Stirn wird von einem Haarwirbel, der Krone,
gekrönt. Am Körper ist das Fell lang und fällt durch den
mittleren Scheitel beidseitig bis zum Boden. Das Fell ist
sehr dicht und muss täglich gekämmt werden, damit
sich keine Knoten bilden.

Angora-Meerschweinchen

Angora-Meerschweinchen besitzen acht bis zehn Haarwirbel, die das Fell unterschiedlich lang wirken lassen. Der Pony fällt ins Gesicht und verleiht dem Meerschweinchen ein freches Aussehen. Ohne tägliche Fellpflege verfilzen die Haare sehr schnell. Die Angora-Meerschweinchen sind nicht für die Haltung im Freien geeignet.

Mohair-Meerschweinchen

Das lange, lockige Fell fällt gleichmäßig an beiden Körperseiten in Richtung des Bodens. Acht Wirbel teilen die Fellhaare. Da die Fellpflege aufwendig ist, sind Mohair-Meerschweinchen nicht für Anfänger geeignet. Diese Meerschweinchen-Rasse ist für Ausstellungen noch nicht offiziell anerkannt.

Alpaka-Meerschweinchen

Alpaka-Meerschweinchen sehen aus wie Langhaarperuaner. Um die Augen und an den Hinterbeinen befinden sich Rosetten. Das lange, lockige Fell wird durch einen Scheitel in der Körpermitte geteilt. Der Pony fällt nach vorne in Richtung der Augen. Die Alpaka-Meerschweinchen, die vier bis sechs Jahre alt werden, sind nicht für Anfänger geeignet.

Lunkarya-Meerschweinchen

Die Lunkarya-Meerschweinchen sind auch unter der Bezeichnung Schafmeerschweinchen bekannt. Die Rasse ist in Deutschland nur selten auf Ausstellungen vertreten. Das raue, lange Fell lässt sich einfach pflegen, da die Haare vom Körper abstehen. Die krausen Locken vererben sich dominant an die Nachkommen. Lunkarya-Meerschweinchen kommen in drei Formen vor: Sheltie, Peruaner und Coronet.

Skinny-Meerschweinchen

Skinny-Meerschweinchen sind Nacktmeerschweinchen. Der Körper wird nicht durch ein Fell geschützt. Daher benötigen die Nager mehr Futter, um den höheren Energieverbrauch für die Wärmeregulation auszugleichen. Eine Freilandhaltung ist nur im Sommer möglich. Dabei muss darauf geachtet werden, dass die Haut der Skinny-Meerschweinchen vor der Sonne gut geschützt wird. Bei den Nacktmeerschweinchen, die vier bis sechs Jahre alt werden, unterscheidet man die Rassen Skinny und Baldwin. Beide Meerschweinchen-Rassen sind in Europa auf Ausstellungen nicht anerkannt. Aufgrund der aufwendigen Hautpflege ist diese Rasse nicht für Anfänger geeignet.

Cuys: Riesenmeerschweinchen

Cuys sind eigentlich keine eigene Meerschweinchen-Rasse. Die Tiere wurden in Südamerika aus besonders großen Meerschweinchen gezüchtet und werden für die Fleischproduktion gehalten. Die Nagetiere erreichen ein Gewicht von bis zu vier Kilogramm. Diese Tiere benötigen viel Platz. Da sie sehr schreckhaft sind, sollten die Meerschweinchen nicht in Haushalten mit Kindern oder anderen Tieren gehalten werden. Die Lebenserwartung liegt nur bei drei Jahren.

Satin-Meerschweinchen

Satin-Meerschweinchen sind ebenfalls keine eigene anerkannte Rasse. Die Tiere besitzen ein schönes, weiches und glänzendes Fell. Die hohlen Haare reflektieren das Licht und geben dem Fell so seinen auffallenden Glanz. Die Hohlstruktur der Haare wird rezessiv an die Nachkommen vererbt. 1986 wurden die ersten Satin Meerschweinchen von Amerika nach Europa exportiert. Die genetische Abnormität des glänzenden Fells kann bei allen Meerschweinchen-Rassen auftreten.

Farbliche Vielfalt

Das Fell von Meerschweinchen kann einfarbig oder mehrfarbig sein. Kombinationen sind in unterschiedlichen Mustern sichtbar.

Vollfarben

- Schwarz
- Weiß
- Schoko
- Coffee
- Beige
- Buff: Mischung aus Hellbraun und Gelb
- Ivory
- Rot
- Safran
- Creme
- Sepia
- Slateblue
- Lilac
- Ice Lilac
- Gold

Tan-Meerschweinchen

Tan-Meerschweinchen sind immer zweifarbig. Der Rücken und der Bauch besitzen unterschiedliche Fellfarben. Dabei tritt die Farbe des Bauchfells auch rund um die Augen, am Kinn und seitlich an den Flanken auf.

- Black-Tan: schwarzer Rücken, rotes Bauchfell
- Schoko-Tan: gelbes Bauchfell, schoko Deckfarbe
- Lilac-Tan: goldenes Bauchfell, lilac Deckfarbe
- Beige-Tan: beige Deckfarbe, goldene Bauchfarbe

Agouti-Meerschweinchen

Durch die Kombination von zwei Deckfarben sieht das Fell des Meerschweinchens meliert aus. An jedem einzelnen Haar sind drei Farbzonen sichtbar. Die Farben an der Basis und der Spitze des Haares sind identisch. Das Bauchfell von Agouti-Meerschweinchen ist immer einfarbig.

- Gold-Agouti: schwarz/rot
- Orange-Agouti: schoko/gold
- Salmon-Agouti: lilac/gold
- Grau-Agouti: schwarz/buff
- Lemon-Agouti: sepia/creme
- Schoko-Agouti: schoko/buff

18

- Creme-Agouti: schoko/creme

- Silber-Agouti: schwarz/silber-weiß

- Cinammon-Agouti: schoko/weiß

- Solid-Agouti: Die melierten Haare sind auch am Bauch vorhanden. Alle Solid-Agouti-Meerschweinchen können in den oben aufgezählten Farben vorkommen.

Argente-Meerschweinchen

Jedes Haar weist zwei verschiedene Farbzonen auf. Die Spitzen der Haare sind immer anders gefärbt.

- Lilac-Weiß-Argente

- Lilac-Gold-Argente

- Lilac-Safran-Argente

- Beige-Weiß-Argente

- Beige-Gold-Argente

- Beige-Safran-Argente

- Slateblue-Weiß-Argente

- Slateblue-Gold-Argente

- Slateblue-Safran-Argente

Fox-Meerschweinchen

Die Farbe der Meerschweinchen ähnelt den Tan-farbigen Meerschweinchen. Kinn, Augen, Bauch und Flanken sind immer weiß oder creme.

- Silver-Fox: schwarz/weiß

- Schoko-Fox: schoko/weiß

- Lemon-Fox: lemon/creme

- Lilac-Fox: lilac/creme

- Beige-Fox: beige/creme

Marderfarben

Die Grundfarbe des Fells ist Schoko oder Schwarz. Im späteren Lebensalter wird das Unterfell grau. Eine Maske entsteht. Meerschweinchen mit einem marderfarbenen Fell werden auch als Sable-Meerschweinchen bezeichnet.

- Schoko-Marder: schoko mit grauer Maske

- Lilac-Marder: lilac mit grauer Maske

- lau-Marder: grau mit slateblue Maske

Himalaya-Meerschweinchen

Die Haut ist stellenweise pigmentiert. Füße und Fußsohlen besitzen dieselbe Farbe wie die Maske. Die Maske umschließt Nase und Ohren.

- Schwarz-Himalaya

- Schoko-Himalaya

- Lilac-Himalaya

California-Meerschweinchen sind Himalaya-Meerschweinchen, deren Fell farbig (rot, braun) ist.

Zeichnungen und Musteranordnungen

- Dalmatiner, Schecken

- Brindle: Zwei Farben sind gleichmäßig verteilt.

- Magpie: Jede Seite des Körpers weist drei Farbfelder auf.

- Quadrofoglio: Vier Farben sind auf mehrere Farbfelder verteilt.

- Dapple: geschimmelte Fellzeichnung, Maske um die Nase und Beine

- Harlekin: wie Magpie in Sepia, Schoko und Lilac

Dunkelschleier

Das Fell des Meerschweinchens sieht an einigen Stellen dunkler und verschmutzt aus. Der Eindruck entsteht mit zunehmendem Alter durch eine Haut, in die dunkle Pigmente eingelagert sind. Bei Meerschweinchen, die in einem Freigehege leben, bleicht die Sonne im Sommer das Fell aus. Die neu nachwachsenden Haare sind wieder dunkler gefärbt. Eventuell können auch nach Verletzungen der Haut die Fellhaare in einer anderen oder intensiveren Farbe nachwachsen.

Gibt es Albinos?

Bei einigen Meerschweinchen-Rassen gibt es Tiere mit einem weißen Fell und roten Augen. Aber sind diese Tiere auch Albinos? Ein Albino besitzt keine Farbpigmente. Die Haare auf der hellen Haut sind absolut farblos. Da auch die Iris nicht pigmentiert ist, sehen die Augen rot aus. Weiße Meerschweinchen besitzen blaue, leuchtend rote oder dunkel schimmernde Augen. In die Haare des Fells ist weißes Pigment eingelagert. Eigentlich haben diese Meerschweinchen genetisch gesehen ein rotes Fell. Durch einen Verdünnungsfaktor cr wird die Fellfarbe aber von Generation zu Generation immer stärker aufgehellt. Das Fell erscheint schließlich weiß.

Es gibt also keine echten Albinos unter den Meerschweinchen, da alle Tiere Pigment in die Haare, Augen und Haut eingelagert haben.

Die Augenfarben der Meerschweinchen

Bei einigen Meerschweinchen-Rassen ist nicht nur eine bestimmte Fellfarbe, sondern auch die Augenfarbe festgelegt.

- Dark Eyes: braune oder schwarze, vollpigmentierte, schimmernde Augen

- Blue Eyes: dunkle Augen mit einem hellen Rand um die Iris. Die Augen sehen blau oder grau aus.

- Pink Eyes: leuchtend rote Augen

- Rubin Eyes: kirschrote Augen mit einem Restpigment

- Feueraugen: Die Augen sehen dunkel aus. Trifft das Licht auf die Augen, sehen sie heller und glühend rot aus.

Die Arten der Meerschweinchen

Derzeit sind ungefähr sechs verschiedene Meerschwein-chen-Arten bekannt. Von welcher Art die heutigen Hausmeerschweinchen abstammen, konnte noch nicht genau geklärt werden.

- Gemeines Meerschweinchen: Cavia aperea, lebt in Kolumbien, Ecuador, Venezuela, Brasilien, Argen-tiniern, Uruguay und Paraguay.

- Tschudi-Meerschweinchen: Cavia tschudii, lebt in Chile, Argentinien und Peru.

- Hausmeerschweinchen: Cavia procellus, lebt in Europa und Amerika.

- Cavia fulgida: Brasilien

- Cavia magna: Brasilien, Uruguay

- Cavia intermedia: Sie lebt im Süden von Brasilien.

Wie leben Meerschweinchen

Wildmeerschweinchen leben noch heute in Südamerika. Sie besiedeln das Grasland, Sumpflandschaften und Gebirgslandschaften bis 4.000 Meter Höhe. Die bis zu 600 Gramm schweren Nagetiere besitzen scharfe Krallen, mit denen sie auch in hartem Boden gut graben können. Trotzdem leben sie vor allem in Bauten, die von anderen Tieren aufgegeben und verlassen wurden. Unterwegs sind die Meerschweinchen vor allem in der Dämmerung und kurz nach Sonnenaufgang. Dabei nutzen die Tiere festgelegte Trampelpfade, die durch das hohe Gras führen. Bei Gefahr durch die Annäherung eines Feindes laufen die Meerschweinchen schnell wieder in ihren Bau zurück und verstecken sich darin. Das wildfarbene, braune Fell ist in der Natur eine ausgezeichnete Tarnung. Obwohl die Nagetiere klein sind und eher behäbig wirken, sind sie in der Lage, sich sehr schnell fortzubewegen. Die wilden Meerschweinchen sind in der Lage, zu klettern, und springen mit ihren kräftigen Hinterbeinen bis zu 70 Zentimeter hoch. Die Nager sind auch in der Lage, auf Bäume zu klettern und dort nach Nahrung zu suchen.

Die wilden Meerschweinchen leben in Gruppen von zehn bis 15 Tiere zusammen. Jede Gruppe von Weibchen wird durch einen Bock angeführt. Manchmal schließen sich mehrere Gruppen zu Übergruppen zusammen. In der Gruppe besteht eine Rangordnung unter den Männchen ebenso wie unter den Weibchen. Die Stellung in der Gruppe wird durch Revierkämpfe festgelegt. Gruppenmitglieder können über den Geruch identifiziert werden. Durchschnittlich liegt die Lebenserwartung bei fünf bis sieben Jahre.

Hausmeerschweinchen werden größer als ihre wild lebenden Verwandten. Da sie sich nicht mehr tarnen müssen, konnten über die Zucht verschiedene Fellfarben entwickelt werden. Anders als die wilden Vorfahren können sich Hausmeerschweinchen das ganze Jahr fortpflanzen. Pro Wurf werden bis zu sechs Jungtiere geboren, die als Nestflüchter schon am ersten Tag laufen können. Der Kopf der Meerschweinchen ist gedrungener. Die Tiere können bei guter Haltung bis zu zehn Jahren alt werden. Die Haltung kann in der Wohnung und bei einigen Rassen auch in einem Freigehege erfolgen. Bei beiden Haltungsformen muss den Meerschweinchen täglicher Auslauf zur Verfügung gestellt werden.

Wie kommunizieren Meerschweinchen

Meerschweinchen sind sehr soziale Tiere, die über eine vielfältige und ausdrucksstarke Kommunikation verfügen. Bei der Sprache werden eine Körpersprache, eine Lautsprache und eine Duftsprache (olfaktorische Kommunikation) unterschieden.

Die Körpersprache

Meerschweinchen besitzen keine deutliche Mimik. Die Körpersprache der Tiere besteht aus der Haltung, dem Fell und den Augen. Dabei sind die Möglichkeiten zur Interpretation bei einigen Rassen, die zu den Langhaar-Meerschweinchen gehören, stark begrenzt. Bei diesen Tieren müssen vor allem typische Abläufe von Bewegungen und Handlungen interpretiert werden.

Imponieren

Kämpfe, die schwere Verletzungen nach sich ziehen können, sind nicht im Sinne der Natur, die die Art erhalten möchte. Deshalb versuchen Tiere, immer zuerst den Gegner beim Kampf um das Revier durch Drohgebärden einzuschüchtern. Das Fell wird im Bereich des Rückens und des Nackens aufgestellt, die Haare sind gesträubt. Während das Meerschweinchen laut mit den Zähnen klappert, beginnt es, seinen Gegner bedrohlich zu umkreisen. Böcke zeigen bei dieser Bewegung auch gerne die Größe ihrer Hoden. Um größer zu wirken, streckt das Meerschweinchen seine Beine. Manchmal

27

wird das Imponierverhalten mit Brommseln (s. unten) verbunden.

Zu den Drohgebärden zählt auch das schnelle Anheben des Kopfes. Meistens genügt diese Drohgebärde, um einen Streit schnell zu beenden. Unterwirft sich das unterlegene Meerschweinchen nicht, beißen die Tiere aufeinander ein.

Brommseln

Der Gang ist wiegend. Das Meerschweinchen wackelt dabei mit dem Hinterteil. Um größer zu wirken, werden die Nackenhaare gesträubt. Männchen präsentieren den Weibchen ihr Profil. Mit diesem Verhalten wollen die Männchen aber nicht nur die Weibchen beeindrucken. Auch weibliche Tiere zeigen dieses Verhalten bei Streitigkeiten im Revier durch die Vergesellschaftung neuer Tiere. Das Brommseln wird erst beendet, wenn das schwächere Tier sich unterwirft. Behalten beide Meerschweinchen das Drohverhalten bei, ist ein Kampf unausweichlich.

Treteln

Durch abwechselndes Heben der Hinterbeine schaukelt das Meerschweinchen mit seinem Hinterteil. Ein Meerschweinchen, das tretelt, ist aufgeregt und gestresst. Wahrscheinlich wird es nach kurzer Zeit die Flucht antreten, um der Gefahr zu entkommen.

Aufreiten

Das Aufreiten kann verschiedene Bedeutungen haben. Wird das Verhalten im Rahmen einer Werbung um ein Weibchen ausgeführt, folgt anschließend der Paarungsakt. Innerhalb einer Meerschweinchen-Gruppe reiten auch Meerschweinchen mit gleichem Geschlecht aufeinander auf. Das aufreitende Tier drückt so seine Überlegenheit aus. Es handelt sich um eine Dominanzgeste. Werden mehrere Böckchen gemeinsam in einer Gruppe gehalten, kann das Verhalten oft beobachtet werden.

Erstarren

Erfolgt ein Warnruf oder droht Gefahr durch einen Fressfeind, erstarren die Meerschweinchen. Sie verharren vollständig bewegungslos, um möglichst wenig sichtbar zu sein. Die Tiere kauern sich auf den Boden, ihre Augen sind weit aufgerissen. Zur Flucht kommt es nur, wenn in der Nähe eine schützende Höhle vorhanden ist.

Leider wird das Verhalten oft falsch gedeutet. Die Meerschweinchen werden zum Streicheln aus dem Käfig gehoben und erstarren dabei vor Angst. Da sie die Streicheleinheiten ohne Abwehr über sich ergehen lassen, nehmen viele Menschen an, dass dem Tier die Situation gefällt. Dabei steht das Tier so unter Stress, dass es sich nicht mehr bewegen kann. Fällt Ihnen auf, dass ein Meerschweinchen im Käfig plötzlich erstarrt, sollten Sie es nicht berühren. Sprechen Sie leise und beruhigend auf das Tier ein und vermeiden Sie ruckartige oder schnelle Bewegungen. Nach einigen Minuten sollte der Erstarrungszustand nachlassen und das Meerschweinchen sich entspannen.

Weglaufen

Meerschweinchen sind schnelle Fluchttiere. Ihr Verhalten ist nicht darauf ausgelegt, sich einem Gegner zu stellen und sich körperlich zu verteidigen. Ist ein sicheres Versteck in der Nähe, laufen die Meerschweinchen schnell weg und verbergen sich vor dem Gegner.

Der Gänsemarsch

Will eine Gruppe von Meerschweinchen eine unbekannte Gegend erkunden, bewegt sich die Gruppe im Gänsemarsch. Die Führung wird von dem Tier mit dem höchsten Rang übernommen. Junge Meerschweinchen folgen immer dem Muttertier.

Popcornen

Ist ein Meerschweinchen ausgelassen, springt es vor Freude mit allen vier Beinen gleichzeitig in die Luft. Der Körper wird dabei verdreht, ein quiekendes Geräusch ist zu hören. Vor allem junge Meerschweinchen unterbrechen das Laufen im Freigehege oft durch das Popcornen.

Gähnen

Meerschweinchen reißen den Mund auf und gähnen deutlich, um andere Tiere zu beschwichtigen. Mit dem Calming-Signal zeigen sie den anderen Gruppenmitgliedern ihre Unterlegenheit.

Kuscheln

Meerschweinchen leben in Gruppen von mehreren Tieren. Es gehört aber nicht zu ihrem Verhaltensrepertoire, zu kuscheln und sich gegenseitig das Fell zu pflegen. Die Tiere wuseln lieber durch den Käfig und das Freigehege und behalten sich gegenseitig im Blick. Der Blickkontakt ist dabei vollständig ausreichend. Die Tiere suchen nicht die körperliche Nähe anderer Meerschweinchen. Nur neu geborene Meerschweinchen kuscheln sich zusammen, um sich zu wärmen und den Energieverlust zu verringern. Sehen Sie, dass Meerschweinchen in einem Käfig kuscheln, sollten Sie das Platzangebot und die Anzahl der Verstecke überprüfen. Ist der Käfig zu eng, sind die Tiere dazu gezwungen, den Abstand zueinander zu verringern.

Sie haben Ihr Meerschweinchen aus dem Käfig gehoben und halten es im Arm. Dabei streicheln Sie es. Das Meerschweinchen schmiegt sich ganz eng in Ihre Armbeuge. Das bedeutet aber nicht, dass sich das Tier wohlfühlt und die Situation genießt. Im Gegenteil: Es ist so gestresst, dass es sich möglichst klein macht. Das Meerschweinchen versucht, durch eine geringe Angriffsfläche den unangenehmen Berührungen auszuweichen. Es erstarrt, um möglichst unsichtbar zu sein. Respektieren Sie als Halter von Meerschweinchen immer, dass die Tiere keine Kuscheltiere sind.

Lecken hinter dem Ohr

Das Lecken hinter dem Ohr dient dazu, andere Meerschweinchen zu beruhigen und zu trösten. Es handelt sich um eine Geste der Zuneigung, die nur Gruppenmitgliedern zuteilwird. Sie können das Verhalten häufig bei

älteren Gruppenmitgliedern beobachten, die die Jungtiere hinter dem Ohr lecken.

Die Lautsprache

Meerschweinchen verfügen über eine große Anzahl von Lauten, über die sie mit ihren Artgenossen kommunizieren können. Auch für die Verständigung mit Menschen sind eigene Laute vorgesehen. Leider verstehen wir meistens unsere Meerschweinchen nicht, da die Töne sehr fein abgestuft sind.

Lautes Quieken und Pfeifen

Dieses Geräusch ist ausschließlich für den Menschen bestimmt. In der Meerschweinchen-Gruppe wird der Laut nie verwendet. Die Tiere pfeifen und fiepen, wenn sich die Türe öffnet, die Futtertüte raschelt oder einfach die Zeit für die Fütterung gekommen ist. Dabei zeigen die Meerschweinchen ihre freudige Erwartung durch Hüpfen und Hochstellen an der Käfigwand. Oft springen die Tiere auch auf höhere Plattformen, um schneller an die Leckerbissen zu gelangen. Bei diesem Laut dürfte es sich um einen Bettellaut handeln, mit dem die Meerschweinchen die Menschen dazu animieren wollen, endlich Futter in den Käfig zu legen.

Leiser hoher Pfeifton

Junge Meerschweinchen stellen mit diesem Laut den Kontakt zu ihrer Mutter her. Ist diese nicht in Hörweite, steigert sich der Ton zu einem lauten, schrillen und ängstlichen Quieken. Damit sich das Jungtier wieder

32

beruhigt und entspannt, antwortet die Mutter mit einem tiefen Brummen.

Lautes Quietschen

Jetzt ist es aber höchste Zeit, seinen Unmut und Ärger auszudrücken. Das Meerschweinchen fühlt sich nicht wohl und ist gestresst und verärgert. Gründe dafür können Streitigkeiten in der Gruppe, Einsetzen neuer Tiere in den Käfig, Schmerzen oder unsanftes Anfassen durch Menschen sein. Das Meerschweinchen schreit in den höchsten Tönen.

Die Sirene

Auch ein immer wieder an- und abschwellendes Quietschen ist ein Zeichen dafür, dass Ihrem Meerschweinchen etwas gar nicht gefällt. Vielleicht versuchen Sie gerade, es gegen seinen Willen zu streicheln. Oder das Meerschweinchen wird von einem aufdringlichen Bock immer wieder bedrängt. Bei diesem Laut springen die Meerschweinchen auch in die Höhe und schlagen dabei mit beiden Hinterbeinen kräftig aus.

Gluckern

Meerschweinchen sind sehr gesprächige Tiere. Das gilt vor allem für Meerschweinchen, die in der Gruppe einen hohen Rang einnehmen. Das ständige, leise Murmeln ist bei großen Gruppen stärker zu hören als bei Kleingruppen. Das Geräusch verstärkt sich während der Nahrungsaufnahme oder bei der Erforschung einer neuen Umgebung. Wahrscheinlich handelt es sich dabei um eine Kommunikation zwischen den Tieren, die von den

Menschen nicht verstanden wird. Einige Meerschwein-chen sprechen ständig, andere sind eher schweigsam und zurückhaltend. Prinzipiell können Sie davon aus-gehen, dass die Tiere während des Murmelns zufrieden und entspannt sind.

Brommseln

Der knatternde Laut ist ein Teil der Werbung für die Paa-rung. Böcke stoßen ihn aus, um das begehrte Weibchen auf sich aufmerksam zu machen. Dabei machen sich die Tiere durch das Sträuben der Nackenhaare größer und strecken die Beine. Auch bei Revierkämpfen wird das Brommseln verwendet. Das überlegene Meerschwein-chen droht und demonstriert mit dem Geräusch seine Stärke. Aber nicht nur Männchen verwenden den Laut. Auch dominante weibliche Tiere brommseln, um ihre Stellung in der Meerschweinchen-Gruppe zu festigen.

Murren

Hier handelt es sich um ein Calming-Signal. Die Meer-schweinchen gurren, um sich oder andere Tiere zu beruhigen. Meistens wird der Laut als Reaktion auf ein lautes, unbekanntes Geräusch ausgestoßen. Es drückt Angst, Unsicherheit und Unwohlsein aus.

Das Alarmsignal

Zirpen und Zwitschern sind eher selten zu hören. Das Geräusch wird vor allem in der Dunkelheit oder in den Dämmerungsstunden erzeugt und weckt sofort die Auf-merksamkeit der anderen Tiere in der Gruppe. Da es über weite Entfernungen zu hören ist, wird vermutet,

dass es sich um eine Kommunikationsform zwischen weit voneinander entfernten Meerschweinchen-Gruppen handelt. Vor allem ranghohe Tiere stoßen diesen Laut immer wieder aus. Der Warnruf alarmiert alle Meerschweinchen und fordert sie auf, ein sicheres Versteck zu suchen.

Das Zwitschern wird aber auch bei sozialer Überforderung erzeugt. Hier dient das Geräusch dem Abbau von Stress. Ist ein Weibchen überfordert und wird es von dem Bock in der Paarungszeit immer wieder bedrängt, beginnt es zu zwitschern.

Wenn Sie dieses Geräusch in dem Meerschweinchen-Gehege hören, sollten Sie ihm unbedingt Aufmerksamkeit schenken. Vielleicht ist eines der Tiere krank oder es finden gerade Streitigkeiten und Kämpfe statt. Bei Freigehegen kann das Zwitschern auch die Annäherung eines Fressfeindes ankündigen. Das Zirpen kann bis zu 20 Minuten lang andauern. Das Meerschweinchen zittert dabei am ganzen Körper.

Klappern mit den Zähnen

Das Klappern der Zähne deutet darauf hin, dass ein heftiger Streit kurz bevorsteht. Das Meerschweinchen droht und zeigt seine Kampfbereitschaft. Das Geräusch wird aber nicht nur innerhalb der Meerschweinchen-Gruppe verwendet. Die Tiere wenden sich auch dem Menschen zu und klappern dabei mit den Zähnen. Jetzt ist es höchste Zeit, auf Abstand zu gehen. Sonst könnten Sie mit den spitzen Zähnen der kleinen Nager schmerzhafte Bekanntschaft machen.

Mahlen mit den Zähnen

Das Geräusch entsteht durch die Backenzähne, die langsam aneinander reiben. Wahrscheinlich kaut Ihr Meerschweinchen noch an seinem Futter. Kommt es gleichzeitig zu einer starken Speichelbildung, hat das Tier wahrscheinliche gesundheitliche Probleme. Die Backenzähne könnten zu lang sein oder eventuell sind Probleme mit dem Kiefer, wie Abszesse oder eine Kinndrüsenentzündung, aufgetreten. Mahlt Ihr Meerschweinchen immer wieder mit den Zähnen und ist das Fell am Hals feucht, sollten Sie das Tier von einem Tierarzt untersuchen lassen.

Die Duftsprache

Der Geruchssinn von Meerschweinchen ist gut ausgeprägt. Er dient einerseits der Suche nach Nahrung, andererseits der Kommunikation mit Artgenossen. Durch die Duftsprache sind die Meerschweinchen in der Lage, andere Tiere der Gruppe zu erkennen. Jungtiere finden über den Geruch ihre Mutter.

Mit dem Po rutschen

Am Hinterteil des Meerschweinchens liegen die Perinealdrüsen, die in eine Perinealtasche münden. Hier sammelt sich Duftsekret an. Um sein Revier zu markieren, verteilt das Meerschweinchen das stinkende Sekret durch Rutschen über den Boden. Bevor männliche Tiere rutschen, brommseln sie, um die Artgenossen auf den Geruch aufmerksam zu machen.

Spritzen von Harn

Das Verhalten kann vor allem bei Weibchen beobachtet werden. Sie verspritzen den Urin bis zu einem Meter weit. Der Harn ist dabei eine Waffe. Er wird bei Streitigkeiten oder zu intensiver Annäherung anderer Meerschweinchen eingesetzt.

Um Ihr Meerschweinchen besser zu verstehen, brauchen Sie nur eines zu tun: Lernen Sie "Meerschweinisch".

Welche Meerschweinchen passen zueinander

Meerschweinchen sind Tiere mit einem ausgeprägten Sozialleben. Sie dürfen auf keinen Fall in Einzelhaltung gehalten werden. Auch die Vergesellschaftung mit anderen Tieren wie Kaninchen löst das Problem der Einsamkeit nicht. Kaninchen und Meerschweinchen besitzen eine sehr unterschiedliche Körpersprache und Lautsprache. Missverständnisse sind da beim Zusammenleben täglich an der Tagesordnung. Durch die unterschiedlichen körperlichen Voraussetzungen können Meerschweinchen beim Zusammenleben mit Kaninchen ernsthaft verletzt werden.

Die geselligen Tiere müssen also mindestens zu zweit gehalten werden. Noch besser sind größere Gruppen, die in ihrer Zusammensetzung der natürlichen Lebensweise besser entsprechen. Gleichzeitig sind die Meerschweinchen aber auch ausgeprägte Individualisten. Nicht jeder ist in der Gruppe willkommen. Sie reagieren nicht gerade

begeistert, wenn ein unbekanntes Tier plötzlich in dem Revier einziehen soll. Die Tiere dürfen also nicht einfach in Gruppen zusammengesetzt werden. Das Motto "Ihr regelt das schon unter euch" greift hier nicht und kann zu ernsthaften Auseinandersetzungen führen. Das sollten Sie auch bei Ihrer Urlaubsplanung beachten. Meerschweinchen wollen nicht einfach "Freunde" aus anderen Gruppen für einige Zeit besuchen. Ihre "Freunde" sind ausschließlich Tiere aus der Gruppe, in die sie integriert sind und mit der sie zusammenleben.

Gruppe aus zwei weiblichen Meerschweinchen

Zwei Weibchen können meistens sehr harmonisch miteinander leben. Das jüngere Meerschweinchen ordnet sich schnell dem älteren Tier unter und akzeptiert die Vorrangstellung des älteren Weibchens. Es kann aber durchaus auch zu einem Zickenkrieg kommen. Häufig kann der Streit nur mehr durch die Vergesellschaftung mit einem kastrierten männlichen Tier beigelegt werden. Die meisten Menschen bilden lieber Pärchen aus zwei Weibchen, da diese Haltung unkomplizierter zu sein scheint. Die weiblichen Meerschweinchen müssen nicht kastriert werden. Worauf unbedingt zu achten ist: Der Altersunterschied zwischen den Tieren sollte nicht zu groß sein. Wird ein Baby mit einem älteren Weibchen vergesellschaftet, kann das ältere Tier mit der Situation vollständig überfordert sein. Das Jungtier möchte wild spielen, das ältere Tier will eher seine Ruhe haben. Was sich in der Gruppe durch die unterschiedliche Alters-Zusammensetzung leicht ausgleicht, funktioniert bei einer paarweisen Haltung nicht. Auch das Jungtier langweilt sich, da es keine Spielkameraden hat, mit denen es ausgelassen durch das Gehege toben kann. Einige Weibchen

schließen sich mit der Zeit so eng zusammen, dass sie keinen Bock mehr in ihrer Gruppe dulden. Aber meistens wird für das vollständige Ausleben des Sozialverhaltens ein Kastrat in der Meerschweinchen-Gruppe geduldet.

Gruppe aus zwei männlichen Meerschweinchen

Eine Haltung von zwei Böcken funktioniert am besten, wenn sich die Tiere schon als Jungtiere kennenlernen. Aber auch bei männlichen Tieren, die sich schon in einem Alter von zehn Wochen kennengelernt haben, kommt es später noch zu Streitigkeiten. Der erste problematische Zeitpunkt ist im Alter von 2,5 Monaten, später wird die Rangordnung noch mehrmals geklärt. Meistens verlaufen die Streitigkeiten harmlos und arten nicht in schwere Revierkämpfe aus.

Im Gegensatz zu den wild lebenden Meerschweinchen tolerieren Hausmeerschweinchen auch eine Haltung von zwei Böcken in einem Revier. Werden mehrere Böcke gemeinsam gehalten, muss die Anzahl der Tiere immer einer geraden Zahl entsprechen. Weibchen dürfen nicht mit der Gruppe vergesellschaftet werden. In diesem Fall kommt es sofort zu schweren Streitigkeiten. Nicht viel anders verhält es sich bei zwei Kastraten, die plötzlich mit einem Weibchen vergesellschaftet werden. Hat eines der Tiere nicht schon früh gelernt, sich dem anderen Männchen unterzuordnen, sind Revierkämpfe um das Weibchen nicht zu vermeiden.

Eine paarweise Haltung von Böcken ist auch vom Tierschutz her sinnvoll. Weibchen können immer leichter vermittelt werden. Für die Männchen fehlen passende

39

Plätze. Wenn Sie also planen, nur zwei Meerschweinchen zu halten, sollten Sie die Haltung von zwei Böcken in Erwägung ziehen.

Gruppe mit einem weiblichen und einem männlichen Meerschweinchen

Gemischte Paarhaltung funktioniert sehr gut. Das Männchen muss früh kastriert werden, damit kein unerwünschter Nachwuchs gezeugt wird. Die Meerschweinchen können ihr Sozialverhalten vollständig ausleben. Leider fehlen bei dieser Haltung die Weibchen-Freundschaften. Diese sind für ein weibliches Meerschweinchen besonders wichtig. Sie bieten Abwechslung und geben den Weibchen sozialen Halt.

Gruppe mit mehreren weiblichen Meerschweinchen

Weibliche Meerschweinchen lassen sich einfach in größeren Gruppen vergesellschaften. Das Alter ist bei dieser Haltungsform nicht maßgeblich, da alle Altersgruppen vertreten sind. Die Jungtiere spielen miteinander und halten dadurch die älteren Weibchen nicht ständig auf Trab. Das Weibchen mit dem höchsten Rang übernimmt die Führung der Gruppe. Kommt es doch immer wieder zu einem Zickenkrieg, kann ein Kastrat in die Gruppe integriert werden. Es ist allerdings fraglich, ob das ranghöchste Weibchen dazu bereit ist, seine Führungsrolle an das Männchen abzutreten. Oft wird das dominante weibliche Tier einfach zu der Hauptfrau des Kastraten.

Gruppe mit mehreren männlichen Meerschweinchen

Es ist durchaus möglich, eine größere Zahl von Böcken gemeinsam zu halten. Da diese Form der Haltung problematisch sein kann, ist sie für Anfänger in der Meerschweinchen-Haltung nicht zu empfehlen. In den meisten Fällen arrangieren sich die Tiere sehr gut miteinander. Nicht empfehlenswert ist es, einen zusätzlichen jungen Bock in die Gruppe einzusetzen. Sobald das Jungtier in die Pubertät kommt, wird es versuchen, seine soziale Stellung zu verbessern und durch Kämpfe einen höheren Rang zu erreichen.

Bei der gemeinsamen Haltung von mehreren Böcken können immer wieder Streitigkeiten ausbrechen. Damit diese nicht eskalieren, ist es ratsam, die Tiere zu kastrieren. Die Kämpfe zwischen Kastraten verlaufen um einiges harmloser. Sind die männlichen Tiere allerdings bereits zerstritten, kann auch die Kastration nicht mehr helfen. Die Böcke müssen meistens getrennt werden.

Haremshaltung

Bei der Haremshaltung wird ein kastrierter Bock mit mehreren Weibchen in einem Gehege gehalten. Gute Erfahrungen bestehen mit Gruppen aus drei oder sechs Tieren. Durch die gerade Anzahl der Tiere wird verhindert, dass einzelne Meerschweinchen von der Gruppe ausgegrenzt werden. Wird eine größere Anzahl von Tieren in einer Gruppe gehalten, kann sich diese aufspalten. Es bilden sich zwei benachbarte Gruppen, die jeweils ein eigenes, unabhängiges Sozialgefüge aufweisen. Dabei

41

ist es durchaus auch möglich, dass sich zwei Männchen ein Gehege teilen. Die Weibchen sind strikt aufgeteilt und wechseln die Gruppe nicht.

Damit das männliche Meerschweinchen bei der Haremshaltung nicht unter Stress leidet, sollte es sich in einer Gruppe nicht um mehr als fünf Weibchen kümmern müssen. Ist die Anzahl der Weibchen höher, kommt es zu einer Überforderung des Bocks. Streitigkeiten unter den Weibchen sind die Folge.

Die Haremshaltung ist einfach durchzuführen und stellt neben der Paarhaltung eine für Anfänger besonders geeignete Haltungsform dar. Wichtig ist, dass das Gehege ausreichend groß ist, damit die einzelnen Tiere Abstand zueinander halten können.

Gruppe mit mehreren weiblichen und männlichen Tieren

Gemischte Gruppen entsprechen am besten den natürlichen Lebensbedingungen in der freien Wildbahn. Ist in einer größeren Meerschweinchen-Gruppe nur ein Bock vorhanden, zerfällt die Gruppe trotzdem in kleinere Strukturen. Der Bock wählt seine Hauptfrauen aus. Die Führung der anderen weiblichen Tiere wird von einem ranghohen Weibchen übernommen. Natürlich können auch mehrere Böcke in einer größeren Gruppe mit Weibchen gehalten werden. Dabei sollten Sie neben dem Platzangebot auch unbedingt darauf achten, dass die Männchen kastriert werden. Hausmeerschweinchen können das ganze Jahr über trächtig werden. Die Anzahl der Meerschweinchen steigt durch den ständigen Nachwuchs schnell an. Wohin aber mit den Jungtieren? In

der Natur würden männliche Tiere mit einigen Weibchen einfach abwandern und sich ein neues Revier suchen. Bei der Heimtierhaltung ist das nicht möglich. Die Haltung von Weibchen und unkastrierten Männchen ist also für die Haltung von Hausmeerschweinchen mit begrenztem Platzangebot nicht zu empfehlen.

Worauf muss bei der Vergesellschaftung von Meerschweinchen geachtet werden?

Meerschweinchen sollten nicht einfach zusammengesetzt werden. Sie würden es ja auch nicht schätzen, wenn plötzlich jemand in Ihre Wohnung einzieht und Platz beansprucht. Vergesellschaften Sie auch nie bereits bestehende Gruppen miteinander. Geben Sie den Tieren die Gelegenheit, sich über getrennte Käfige näher kennenzulernen. Sind einmal Streitigkeiten aufgetreten, lassen sich diese kaum mehr beseitigen. Achten Sie darauf, dass allen Meerschweinchen genügend Zufluchtsmöglichkeiten zur Verfügung stehen. In dem Gehege sollten außerdem mehrere Futter- und Wasserstellen eingerichtet werden.

Ein neues Meerschweinchen kommt in eine Gruppe

Halten Sie das neue Meerschweinchen 14 Tage lang von der Gruppe getrennt. In dieser Quarantäne können Sie beobachten, ob das Tier Krankheiten entwickelt. Meerschweinchen, deren Herkunft nicht eindeutig geklärt ist, sollten sogar für vier Wochen in Quarantäne gehalten werden. Nur so können Sie vermeiden, Krankheitserreger

in Ihren Bestand einzuschleppen. Gleichzeitig bietet sich Ihnen die Möglichkeit, den Charakter des neuen Tieres besser kennenzulernen. Da Meerschweinchen unbedingt Gesellschaft benötigen, sollten Sie ein Tier der Gruppe in den Quarantänekäfig setzen.

Die Vergesellschaftung ist von der Größe des Geheges abhängig

Stehen im Gehege pro Tier nur 0,5 Quadratmeter zur Verfügung, sollte die Vergesellschaftung im Freigehege erfolgen. Als Auslauf muss pro Tier eine Fläche von einem Quadratmeter vorhanden sein. Ist das Innengehege größer, sollten Sie es vor der Vergesellschaftung gründlich reinigen, desinfizieren und neu einstreuen. Jetzt kann das neue Tier direkt in das Gehege gesetzt werden. Statten Sie das Gehege vor der Zusammenführung mit vielen Versteckmöglichkeiten, wie Röhren und Kartons, aus. Jeder Karton muss über mehr als einen Eingang verfügen. Häuser mit nur einem Eingang können bei Streitigkeiten zu einer Falle für das unterlegene Meerschweinchen werden. Dazu aber mehr im Kapitel „Artgerechte Haltung".

Verteilen Sie auf dem Boden des Geheges zusätzliches Futter, damit die alteingesessenen Meerschweinchen sich nicht nur auf den Neuling konzentrieren. Heuhaufen bieten Abwechslung und verringern den Stress für alle Tiere.

Beobachten Sie die Vergesellschaftung über einen Zeitraum von acht Stunden. So können Sie bei schweren Streitigkeiten eingreifen, bevor ein Meerschweinchen verletzt wird. Führen Sie die Zusammenführung in der Morgendämmerung durch. Jetzt sind die Meerschweinchen

aktiv und möchten nicht ihre Ruhe haben. Setzen Sie die neuen Meerschweinchen zuerst in das Gehege. Die anderen Tiere sollten gleichzeitig eingesetzt werden.

Sie wollen Langhaar-Meerschweinchen in eine Gruppe setzen? Kürzen Sie vor der Zusammenführung das Fell, damit das Meerschweinchen nicht größer wirkt.

Auch wenn die Meerschweinchen brummen und quietschen und sich gegenseitig durch das Gehege jagen, sollten Sie nicht sofort eingreifen. Die Rangordnung muss durch den Zuzug neuer Tiere neu geklärt werden.

Nicht alle Meerschweinchen vertragen sich. Sorgen Sie dafür, dass jedes Tier sein eigenes Revier und seinen eigenen Partner hat.

Das sollten Sie bei der Vergesellschaftung von Meerschweinchen vermeiden

Verwenden Sie keine scharfen Reinigungsmittel für das Gehege. Auch Sprays und Parfüms helfen nicht bei der Vergesellschaftung. Sie irritieren nur den empfindlichen Geruchssinn der Meerschweinchen und reizen die Schleimhäute.

Stellen Sie in der Kennenlernphase nicht zwei Käfige Gitter an Gitter. Die Meerschweinchen haben Blickkontakt und sind gestresst. Gleichzeitig sind sie aber durch das Gitter nicht in der Lage, Rangkämpfe auszutragen.

Sie wollen zwei Meerschweinchen vergesellschaften und setzen die beiden Tiere dazu auf Ihren Schoß: Ein

45

absolutes No-Go. Jetzt sind die Tiere zwei stressigen Situationen gleichzeitig ausgesetzt. Auf der einen Seite möchten sie nicht hochgehoben und gestreichelt werden, auf der anderen Seite befindet sich da auch noch ein fremdes Meerschweinchen. Wohin also entkommen? Beide Tiere erstarren vor Angst und haben nicht die Möglichkeit, Kontakt miteinander aufzunehmen. Sollten die beiden Meerschweinchen miteinander in dieser Situation kuscheln, dann nur, weil sie große Angst haben.

Achten Sie darauf, dass das Gehege für die Zusammenführung nicht zu klein ist. Erhöhte Plattformen und Rampen dürfen nicht in die Größe des Geheges eingerechnet werden. An diesen Plätzen kommt es besonders häufig zu Streitigkeiten.

Falsche Verstecke mit nur einem Ausgang sind Sackgassen. Das unterlegene Meerschweinchen kann sich nicht mehr zurückziehen. Es wird von dem stärkeren Tier bedrängt. Der Streit eskaliert.

 46

Sind Meerschweinchen für Kinder als Haustier geeignet?

Ob Meerschweinchen wirklich für Kinder als Haustier geeignet sind, hängt von dem Alter und der Entwicklung des Kindes ab. Sie sollten bei dieser Entscheidung immer bedenken, dass Meerschweinchen keine Puppen sind. Sie sind auch keine Kuscheltiere, sondern Lebewesen, die eigene Bedürfnisse und Vorstellungen von ihrem Leben haben. Auch wenn sie so aussehen, sind die Meerschweinchen keine Kuscheltiere. Sie sind nicht in der Lage, sich aus unangenehmen Situationen zu befreien und wegzulaufen. Außerdem reagieren die Schweinchen schreckhaft auf schnelle Bewegungen und laute Schreie. Alles Dinge, die für kleine Kinder selbstverständlich und völlig normal sind.

Meerschweinchen sehen durch den gedrungenen Körper robust aus. Aber die kleinen Knochen der Beinchen sind schnell gebrochen. Fällt das Meerschweinchen herunter auf den Boden, stirbt es meistens an den Folgen.

Bevor Sie Meerschweinchen für Ihr Kind als Haustiere kaufen, sollten Sie sich versichern, dass Ihr Kind in der Lage ist, die Bedürfnisse der Tiere zu verstehen. Den Kindern muss verständlich gemacht werden, dass die Tiere lieber beobachtet als herumgetragen werden sollen.

Übertragen Sie bei der Haltung von Meerschweinchen Ihrem Kind nur solche Aufgaben, die es auch erfüllen kann. Die Hauptverantwortung für die Reinigung des Käfigs, die Fütterung und die Gesundheit der Tiere müssen Sie selbst übernehmen. Selbstverständlich sollen die Kinder aber ihrem Alter entsprechend in die Haltung

eingebunden werden.

Vor der Entscheidung für den Kauf von Meerschweinchen sollten Sie sich folgende Fragen stellen:

- Ist es wirklich ein lang gehegter Herzenswunsch oder eine spontane Idee, ein Meerschweinchen zu halten?

- Wie viel Verantwortung kann das Kind übernehmen?

- Haben Sie Zeit, sich um die Tiere zu kümmern, wenn Ihr Kind dazu keine Lust hat?

- Ist Ihnen klar, dass Sie für viele Jahre Verantwortung übernehmen?

- Haben Sie genügend Platz für den Käfig und den Auslauf?

- Ist das Kind schon in der Lage, auf die natürlichen Bedürfnisse der Meerschweinchen Rücksicht zu nehmen?

- Haben Sie genügend Informationen über die Meerschweinchen bekommen?

- Ist das Kind schon in der Lage, zu begreifen, was ein Meerschweinchen braucht?

- Wer versorgt die Meerschweinchen, wenn ein Urlaub vor der Türe steht?

- Meerschweinchen kosten Geld. Haben Sie die Kosten für Futter, Unterbringung, Beschäftigung und den Tierarzt einkalkuliert?

Meerschweinchen sind Lebewesen. Sie sollten nur nach reiflicher Überlegung in die Familie aufgenommen werden. Als spontane Überraschungen zum Geburtstag oder zu Weihnachten sind die Tiere nicht geeignet. Besprechen Sie den Kauf der Meerschweinchen immer mit allen Mitgliedern der Familie. Nur gemeinsame Entscheidungen für eine Tierhaltung machen auf Dauer Menschen und Tiere glücklich.

Anatomie der Meerschweinchen

Meerschweinchen können sich in erhobener und in geduckter Stellung fortbewegen. Sie stellen eine Übergangsform von einem Sohlengänger zu einem Zehengänger dar. Damit diese Art der Fortbewegung möglich ist, weist das Skelett der Meerschweinchen einige Besonderheiten auf.

Das Skelett

An den Vorderbeinen befinden sich je drei, an den Hinterbeinen je vier Zehen. Die Krallen sind hart und können mit Hufen verglichen werden. Ein Schlüsselbein ist fast nicht mehr vorhanden. An den Vorderbeinen sind die Ulna und der Radius, an den Hinterbeinen die Tibia und die Fibula, anders als beim Menschen, nicht mehr gegeneinander verschieblich, sondern starr.

Meerschweinchen besitzen 36 Wirbel:

- 7 Halswirbel

- 12 Brustwirbel

- 6 Lendenwirbel

- 4 Kreuzbeinwirbel

- 7 Schwanzwirbel

Trotz der vorhandenen Schwanzwirbel ist äußerlich kein Schwanz zu sehen. Die letzten fünf Rippen sind nur mit der Wirbelsäule, aber nicht mit dem Brustbein verbunden. Sie sind gut beweglich und ermöglichen eine problemlose Atmung.

Die Haut

Die Haut der Meerschweinchen ist eher derb und anders als bei anderen kleinen Nagetieren nicht in Falten gelegt. An den Füßen ist die Lederhaut besonders gut ausgebildet. Elastische Fasern sind vor allem im Bereich der Ballen enthalten. Talgdrüsen fehlen in diesem Bereich vollständig. Die Schweißdrüsen werden durch ein starkes Polster aus Unterhautfett vor Druck geschützt. Haarbalgdrüsen fehlen an den Ballen und Sohlen vollständig.

Das Kaudalorgan

Direkt beim Kreuzbein befinden sich mehrere Drüsen, die das Kaudalorgan bilden. Die Talgdrüsen, die ein sekundäres Geschlechtsorgan bilden, sondern ein gelbliches, fettiges Sekret ab. Sie sind bei Männchen, die geschlechtsreif sind, am stärksten entwickelt. Das Kaudalorgan erfüllt mit seinem Sekret eine wichtige Funktion bei der Identifizierung von Gruppenmitgliedern.

Die Perinealdrüsen

Die Drüsen liegen zwischen dem After und der Geschlechtsöffnung. Sie münden in einen Perinealsack. Dort sammelt sich das Sekret, das beim Markieren des Reviers ausgeschieden wird. Die Drüsen sind erst mit

der Geschlechtsreife fertig entwickelt. Bei kastrierten Meerschweinchen kommt es schnell zu einer Rückbildung der Drüsen. Das Duftorgan übernimmt eine wichtige Funktion bei der Paarung.

Das Fell

Das Fell ist dicht und fest. Die Länge der Haare ist von der Rasse des Meerschweinchens abhängig. Ohren, innere Oberschenkel, Hodensack und Schamlippen sind nicht behaart.

Meerschweinchen werden mit Fell geboren. Durchschnittlich erneuert sich das Haarkleid alle 16 Wochen. Dabei fallen nicht alle Haare gleichzeitig aus. Das Fell der Meerschweinchen besteht aus Haaren, die sich in verschiedenen Wachstumsphasen befinden. Wie beim Menschen gibt es Haare, die gerade wachsen (anagene Phase), Haare im Ruhezustand (katagene Phase) und abgestorbene Haare (telogene Phase), die ausfallen. Durchschnittlich wachsen die Haare bis zu fünf Millimeter pro Woche.

Direkt nach einer Geburt kommt es bei dem Muttertier zu einem Effluvium post partum. Die Haare wachsen stark und schnell nach. Haare, die sich in der Ruhephase befinden, werden aus den Follikeln gedrängt und fallen aus. An den Flanken, den inneren Oberschenkeln und dem Bauch ist nur mehr ein schütteres Haarkleid vorhanden.

Die Sinnesorgane

Meerschweinchen verfügen, wie andere Tiere auch, über verschiedene Sinnesorgane. Die Jungtiere werden schon mit weit geöffneten Augen geboren. Da die Achse beider Augen einen Winkel von 340 Grad bildet, besitzen die Tiere ein großes Gesichtsfeld. Sie können dadurch Feinde rechtzeitig erkennen und fliehen.

Der Gehörgang wird durch Ohrmuscheln geschützt, die bei den meisten Meerschweinchen nicht behaart sind.

Um Nase und Mund sind viele Tasthaare angeordnet. Sie helfen dem Meerschweinchen bei der Orientierung und der Vermeidung von Hindernissen.

Die Zähne

Meerschweinchen besitzen im Oberkiefer und im Unter-kiefer je zwei Nagezähne, im hinteren Bereich des Kiefers befinden sich auf jeder Seite vier Backenzähne. Die Zähne sind optimal an die Verwertung der natürlichen Nahrung angepasst.

Der Zahnwechsel findet bei den Meerschweinchen bereits vor der Geburt statt. Die Milchzähne werden am 55. Tag der Trächtigkeit aufgelöst und durch die bleibenden Zähne ersetzt.

Die bleibenden Zähne wachsen das ganze Leben. Des-halb müssen die Meerschweinchen ihre Zähne ständig durch Nagen abnutzen und schärfen.

Die Nahrung wird mit den Nagezähnen abgerissen und durch mahlende Bewegungen durch die Backenzähne zerkleinert. Die Kaumuskulatur ist besonders kräftig entwickelt.

Die Verdauung

Der Magen der Meerschweinchen ist gut dehnbar, verfügt aber nur über eine schwache Muskelschicht. Deshalb ist es für Meerschweinchen unmöglich, Futter wieder zu erbrechen. Vom Magen gelangt der Futterbrei in den Dünndarm, wo er mit Galle vermischt wird. Da die Gallenblase nur sehr klein ist und kaum Gallenflüssigkeit speichern kann, wird der größte Teil der Galle direkt von der Leber in den Dünndarm weitergeleitet. Die Galle regt die Darmbewegungen an und ermöglicht den Bakterien im Dickdarm bessere Bedingungen für die Verwertung der Zellulose aus den Pflanzen. Der Dickdarm nimmt ein gutes Drittel der Bauchhöhle ein. Rohfaserreiches Futter wird im Blinddarm durch Bakterien aufgespalten. Das Futter beginnt zu gären, Kohlenhydrate werden weiter abgebaut. Flüssigkeit, die sich im Futterbrei befindet, wird erst im Enddarm des Meerschweinchens wieder resorbiert. Hier befinden sich bereits vorgeformte Kotballen.

Die Darmflora (Mikrobiom)

Die Bakterien im Verdauungstrakt der Meerschweinchen sind grampositiv. Sie setzen sich zusammen aus:

- Milchsäurebakterien: sporenlose Stäbchen für die Verwertung von Kohlenhydraten

- grampositive, sporenbildende Bakterien: für die Zersetzung von Eiweiß

Ist das Gleichgewicht der Darmflora gestört, kommt auch das Säure-Basen-Gleichgewicht durcheinander. Coliforme Keime können sich vermehren und Verdauungsstörungen verursachen.

Das Caecum (Blinddarm)

Im Blinddarm werden B-Vitamine und Vitamin K gebildet. Zusätzlich enthält der weiche und glänzende Blinddarmkot große Mengen an Eiweiß. Der Kot ist mit einer dicken Schleimschicht überzogen. Meerschweinchen fressen den Blinddarmkot meistens direkt vom After weg, um die enthaltenen Nährstoffe verwerten zu können. Wird das Meerschweinchen an diesem Verhalten gehindert, endet der Nährstoffentzug nach längstens drei Wochen tödlich.

Die wichtigsten physiologischen Daten

- Körpertemperatur 38,5 Grad Celsius

- Atmung: 100-130 Atemzüge pro Minute

- Herzfrequenz: 230-380 pro Minute

- mittlerer arterieller Blutdruck: 50-65 mm Hg

- optimale Umgebungstemperatur: 20-22 Grad Celsius

- Trächtigkeitsdauer: 59-72 Tage

- Geschlechtsreife: Weibchen drei bis vier Wochen, Männchen drei Wochen

- Gewicht: 700-1.200 Gramm

- Körperlänge: 20-40 Zentimeter

Wie funktioniert die Regulation der Körpertemperatur bei Meerschweinchen

Meerschweinchen sind Nestflüchter. Sie sind bereits nach der Geburt in der Lage, ihre Körpertemperatur zu regulieren.

Die Tiere können durch zwei Arten Wärme erzeugen:

- zitterfreie Thermogenese

- Kältezittern

56

Für die zitterfreie Thermogenese ist das braune Fett, das sich im Bereich des Nackens befindet, wichtig. Bei Jungtieren beträgt der Anteil an braunem Fett ungefähr fünf Prozent des Körpergewichts. Die Wärme wird durch die Verbrennung von Fettsäuren gebildet. Der Vorgang wird über das vegetative Nervensystem gesteuert. Meerschweinchen, die in einer warmen Umgebung gezüchtet werden, können ab der vierten Lebenswoche keine Wärme mehr über die zitterfreie Thermogenese erzeugen.

Das Kältezittern übernimmt die Wärmeproduktion ab der vierten Lebenswoche. Dazu wird das braune Fettgewebe in weißes Fett umgewandelt. Der Tonus der Muskulatur wird gesteigert. Bei der Kontraktion der Muskelfasern entsteht Wärme. Ist es sehr kalt, wird das Zittern der Muskeln auch nach außen sichtbar.

Die Sinne der Meerschweinchen

Meerschweinchen sind sehr empfindliche Tiere. Alle Sinne sind gut ausgeprägt.

Der Sehsinn

Die Augen sind seitlich am Kopf angeordnet und ermöglichen es dem Meerschweinchen, seine Umgebung optimal zu überblicken. Das weite Gesichtsfeld hat aber auch Nachteile: Gegenstände, die sich in unmittelbarer Nähe des Meerschweinchens befinden, werden nur verschwommen wahrgenommen. Auf der Netzhaut befinden sich neben den Stäbchen auch zahlreiche Zapfen. Das Farbsehen ist gut ausgeprägt. Die Tiere können die Farben Rot, Gelb, Blau und Grün gut unterscheiden.

Der Gehörsinn

Meerschweinchen besitzen ein hervorragendes Gehör. Frequenzen bis zu 33.000 Schwingungen pro Sekunde können problemlos von den Tieren wahrgenommen werden. Die untere Grenze des Hörens liegt bei ungefähr 16.000 Hertz.

Besonders sensibel reagieren die Meerschweinchen auf Töne mit hohen Frequenzen. Sie sollten deshalb bei der Haltung als Heimtiere an einem möglichst ruhigen Ort untergebracht werden.

Der Geruchssinn

Der Geruchssinn der Meerschweinchen ist sehr gut ausgeprägt. Am hinteren Ende der Nase befindet sich das Jacobsonsche Organ. Die mit diesem Organ wahrgenommenen Gerüche werden in Reize umgewandelt und direkt an das Gehirn zur Verarbeitung weitergeleitet. Der Geruchssinn dient nicht nur der Suche nach Nahrung, sondern ist auch für die Erkennung von Gruppenmitgliedern und Geschlechtspartnern notwendig. Meerschweinchen sind in der Lage, 1000-mal geringere Konzentrationen von Gerüchen wahrzunehmen als Menschen.

Der Geschmackssinn

Mit dem Geschmackssinn können Meerschweinchen testen, ob ein Futter gut oder schlecht ist. Reicht der Geruchssinn nicht aus, nehmen die Tiere vorsichtig eine kleine Futterprobe. Zusammen mit der Erfahrung kann das Meerschweinchen so entscheiden, welche Futtermittel geeignet und welche besser vermieden werden sollten.

Futter mit einem scharfen oder sauren Geschmack wird von Meerschweinchen eher nicht gefressen. Bittere oder süße Nahrung ist dagegen durchaus willkommen auf dem Speiseplan.

Der Tastsinn

Die Sinneshaare ermöglichen es dem Meerschweinchen, sich auch in der Dunkelheit sicher fortzubewegen. Da sich hinter der Netzhaut nicht wie bei Katzen ein Tapetum lucidum befindet, werden schwache Lichtstrahlen nicht reflektiert. Das Meerschweinchen kann bei Dunkelheit nicht gut sehen und ist auf seinen Tastsinn und seinen Geruchssinn angewiesen. Mit den Sinneshaaren sind Meerschweinchen in der Lage, Bewegungen in der Umgebung über die Veränderung der Luftströme wahrzunehmen. Die Tasthaare helfen den Tieren auch, die Größen von Öffnungen abzuschätzen – ein wichtiger Überlebensfaktor bei der Flucht vor Feinden.

Wie Meerschweinchen denken

Das Leben von Meerschweinchen macht auf Menschen einen relativ einfachen Eindruck. Sie schlafen, wuseln durch den Käfig und fressen. Sind die Tiere also nicht zu intelligenten Leistungen fähig? Das ist nur ein Vorurteil, da Menschen dazu neigen, Meerschweinchen nach menschlichen Maßstäben zu beurteilen. Denn Meerschweinchen gehören zu den wenigen Tierarten, denen die Domestikation in Bezug auf die Intelligenz nicht geschadet hat. Norbert Sachser konnte in einer Studie der Universität Münster sogar nachweisen, dass die Intelligenz der Hausmeerschweinchen die ihrer wilden Verwandten übersteigt.

Die Meerschweinchen sind in der Lage, ihren Menschen an Geräuschen zu erkennen, bevor er die Wohnung betritt. Sie quieken und freuen sich schon auf mitgebrachte Leckerbissen. Nähert sich eine andere Person der Wohnung, quieken die Tiere nicht. Sie sind also eindeutig in der Lage, ihren Halter zu erkennen und eine Beziehung zu ihm aufzubauen.

Meerschweinchen können auch erzogen werden. Eine gute Hilfe dabei ist das Clicker-Training. Schnell lernen die Tiere, welche Regeln beim Freilauf gelten.

Meerschweinchen sind neugierig und lernen gerne neue Dinge kennen. Sie sind in der Lage, Tricks zu lernen. Aber nicht alle Meerschweinchen machen bei diesen Übungen und Spielen mit. Das ist jedoch kein Zeichen von mangelnder Intelligenz. Im Gegenteil: Die Tiere sind einfach nicht dazu bereit, sich den Willen der Menschen aufzwingen zu lassen. Sie entscheiden lieber selber, wie

sie ihr Leben verbringen wollen. Wenn Meerschweinchen Spaß an dem Training haben, werden Sie erstaunt sein, welche Leistungen die Tiere zu erbringen imstande sind.

Natürliches Verhalten von Meerschweinchen

Meerschweinchen sind kommunikative Tiere, denen die Gesellschaft von Artgenossen besonders wichtig ist. Wenn sie auch nicht untereinander kuscheln, halten sie doch ständigen Blickkontakt und wissen genau, wie es den anderen Mitgliedern der Gruppe geht. Nur in einer Gruppe ist es möglich, das natürliche Verhalten der Meerschweinchen in all seinen Facetten zu beobachten. Nur in einer Gruppe können sich die Tiere austauschen, gemeinsam fressen oder Kolonne laufen.

Als Fluchttiere sind Meerschweinchen sehr schreckhaft. Vor allem wenn Sie sich mit der Hand von oben nähern, wird das Meerschweinchen weglaufen oder vor Angst erstarren. Es duckt sich nach Möglichkeit von der Hand weg und versucht, mit dem Boden zu verschmelzen. Stößt eines der Tiere einen Warnruf aus, verschwinden die anderen Meerschweinchen sofort in ihre Verstecke. Nur kein Risiko eingehen. Flucht ist immer die beste Entscheidung.

Die Umgebung der Tiere muss immer abwechslungsreich gestaltet sein. Eine reizarme Umwelt führt dazu, dass das Meerschweinchen seine natürliche Neugierde verliert. Sie werden dann stereotype Bewegungsabläufe bemerken, die nur schwer wieder beseitigt werden können.

Das Kotfressen wirkt auf Menschen ekelig. Dabei darf es auf keinen Fall unterbunden werden, da das Meerschweinchen sonst nicht genügend Vitamine aus der Nahrung aufnehmen kann.

Obwohl die Meerschweinchen keine Kuscheltiere sind, bauen sie doch eine Beziehung zu ihrem Halter auf. Einige Tiere begrüßen Sie sicher freudig, wenn Sie das Zimmer betreten. Andere sind zurückhaltender. Stößt ein Meerschweinchen Sie direkt mit dem Kopf an, ist das ein besonderes Zeichen von Zuneigung. Das Tier fordert Sie dazu auf, es hinter dem Ohr zu kraulen.

Wie können Sie erkennen, ob Ihr Meerschweinchen Sie mag?

Sie reinigen den Käfig und das Meerschweinchen flüchtet nicht vor der Hand. Es wuselt herum und versucht eventuell sogar, mit der Schaufel zu spielen. So zeigt Ihnen das Tier, dass es Ihnen vertraut. Besonders interessierte Meerschweinchen folgen dem Halter und sind an den Vorgängen in der Wohnung interessiert. Sie möchten mehr über Ihr Leben erfahren.

Ein sicheres Anzeichen für Zuneigung ist auch folgendes Verhalten: Sie halten nichts Essbares in der Hand. Trotzdem kommt das Meerschweinchen an das Gitter und stellt sich auf. Es erlaubt Ihnen ein vorsichtiges Streicheln. Dieses Verhalten beruht allein auf der Entscheidung des Meerschweinchens. Es kann nicht antrainiert werden. Es ist ein Zeichen wahrer Freundschaft zwischen Mensch und Meerschweinchen. Denn auch wenn beide Arten sich durch sehr viele Dinge unterscheiden, sind eine Verständigung und der Aufbau einer Beziehung durchaus möglich. Vertrauen und Freundschaft sind eben stabile

Brücken, über die ein schöner und intensiver Kontakt möglich ist.

So machen Sie Ihre Meerschweinchen glücklich

Damit Ihre Meerschweinchen ein glückliches Leben führen können, sollten Sie auf die natürlichen Bedürfnisse der Tiere Rücksicht nehmen.

1. Haltung nur in der Gruppe

Meerschweinchen sind ohne Artgenossen einsam und entwickeln Verhaltensstörungen. Daher müssen die sozialen Tiere immer mindestens zu zweit, besser noch in einer größeren Gruppe gehalten werden. Andere Tiere, wie Kaninchen, sind kein Ersatz für den sozialen Rückhalt der Meerschweinchen-Gruppe. Auch Menschen können Artgenossen auf keinen Fall ersetzen. Daher sollten Sie sich nur für die Haltung von Meerschweinchen entscheiden, wenn Sie genügend Platz und Zeit für mehrere Tiere haben.

2. Pflege und Aufmerksamkeit

Meerschweinchen sind saubere Tiere. Sie schätzen einen Käfig mit sauberer Einstreu. Aus Vergnügen machen sie nach der Reinigung des Käfigs richtige Bocksprünge (Popcornen). Die Fellpflege sollte zu dem täglichen Ritual gehören. Mit einem verknoteten Fell fühlen sich die Meerschweinchen nicht wohl. Die Haut wird nicht ausreichen durchlüftet und entzündet sich unter den Fellknoten.

64

Einige Meerschweinchen bevorzugen die Abwechslung eines Spiels, andere beschäftigen sich lieber mit dem Heu. Mit einem Clicker-Training können Sie für Abwechslung im Käfig sorgen. Aber das Meerschweinchen muss es auch wollen. Erzwingen lässt sich nichts.

3. Frisches Futter

Futter nimmt im Leben der Meerschweinchen einen hohen Stellenwert ein. Es sollte vor allem aus frischem Gemüse bestehen. Einige Meerschweinchen fressen auch gerne Äpfel und Nüsse. Körner und Getreide dürfen nur in geringer Menge gefüttert werden. Ein halber Teelöffel zweimal die Woche ist ausreichend, da die Tiere sonst verfetten. Besser ist es, auf Getreide vollständig zu verzichten, da die Körner nicht zu dem natürlichen Speiseplan der Meerschweinchen gehören.

Die Meerschweinchen lieben die süßen Knabberstangen. Diese sind aber besonders ungesund. Achtung: Auch Meerschweinchen können Diabetes mellitus (Zuckerkrankheit) bekommen. Bieten Sie zum Nagen lieber die ungespritzten Äste von Obstbäumen oder Birken an. Auch Weidenzweige sind durch ihren bitteren Geschmack gerne gesehen.

Besonders freut sich ihr Meerschweinchen über frisches Gras und Kräuter, die Sie als Leckerbissen mitbringen.

4. Ruhe und Frieden

Meerschweinchen schätzen Stress und Aufregung überhaupt nicht. Als Fluchttiere werden sie durch laute Geräusche schnell in Angst versetzt. Stellen Sie den

Käfig immer an einem ruhigen Ort auf. Wichtig ist auch, dass keine Zugluft herrscht, damit sich die Meerschweinchen nicht erkälten.

5. Die richtige Käfigausstattung

Meerschweinchen benötigen viel Platz, damit sie sich nicht mit ihren Artgenossen zusammendrängen müssen. Für jedes Tier sollte eine Rückzugsmöglichkeit vorhanden sein. Erhöhte Plattformen und Rampen vergrößern die Grundfläche des Käfigs nach oben.

6. Spielzeug

Einige Meerschweinchen nutzen gerne Bewegungsspielzeug, um Abwechslung in den Alltag zu bringen. Das Spielzeug sollte immer mit Futter in Verbindung stehen, damit die Meerschweinchen in dem Spiel einen Sinn erkennen.

7. Auslauf

Zusätzlich zu dem schützenden Gehege oder Käfig benötigen die Meerschweinchen täglich Auslauf. Dieser kann in einem Freigehege oder in der Wohnung erfolgen. Ein Freigehege muss auch nach oben abgedeckt sein, damit die Tiere vor Feinden ausreichend geschützt sind. Pflanzen bieten zusätzliche Versteckmöglichkeiten.

Grundlagen für die Anschaffung und Haltung von Meerschweinchen

Jetzt wissen Sie schon einiges über die munteren Tiere. Sie haben sich dazu entschieden, Meerschweinchen zu kaufen und für die kommenden Jahre die Verantwortung für das Wohlergehen dieser Tierchen zu übernehmen. In diesem Kapitel finden Sie Informationen, die Sie vor der Anschaffung der Meerschweinchen benötigen, und Tipps für die artgerechte Haltung.

Wichtige Informationen vor der Anschaffung

Meerschweinchen sind kleine Tiere, die relativ genügsam wirken. Trotzdem sollten Sie den Aufwand für die Haltung und die Pflege nicht unterschätzen. Auch die Kosten sollten bereits vor der Anschaffung der Tiere kalkuliert werden.

Wo können Meerschweinchen gekauft werden?

Sie können Meerschweinchen bei einem Züchter oder in der Tierhandlung erwerben. Fragen Sie vor dem Kauf unbedingt nach dem Geschlecht der Tiere. Erfahrene Züchter können das Geschlecht auch in den ersten Wochen bestimmen. Gute Züchter können Sie auf Kleintierausstellungen kennenlernen. Auch die Kleintierzüchtervereine versorgen Sie sicher gerne mit den Adressen seriöser Züchter.

Eine gute Alternative sind Meerschweinchen aus dem Tierheim oder einer Auffangstation der Meerschweinchen-Hilfe. Hier können Sie sicher auch eine Meerschweinchen-Gruppe kaufen. Die Tiere sind bereits aufeinander eingespielt. Ein aufwendiges Zusammengewöhnen entfällt. Sie können die Meerschweinchen einfach in ihr neues Gehege setzen und müssen sich keine Sorgen um etwaige Streitigkeiten machen. Außerdem geben Sie Tieren die Möglichkeit, ein neues Zuhause zu finden, das diese dringend benötigen.

Kosten für die Anschaffung und Haltung von Meerschweinchen

- 3 Meerschweinchen: 110 Euro

- artgerechtes Gehege für die Wohnung: 250 Euro

- Auslauf: 40 Euro

- Gehege-Einrichtung: 130 Euro

- Spielzeug: 30 Euro

- Transportbox: 30 Euro

Zusätzlich fallen ungefähr folgende monatliche Kosten an:

- Heu: 15 Euro

- Frischfutter: 40 Euro

- Einstreu: 20 Euro

- Material zum Nagen: 15 Euro

- Tierarztkosten: 20 Euro

Sparen Sie nicht beim Kauf des Geheges und der Einrichtung. Billige Plastik- oder Gitterkäfige sind meistens zu klein und zu niedrig. Dadurch können in der Gruppe Streitigkeiten entstehen.

Meerschweinchen verursachen Schmutz

Meerschweinchen laufen gerne durch den Käfig und scharren. Dabei kommt es immer wieder vor, dass Einstreu aus dem Käfig fällt und sich in der Wohnung verteilt. Verwenden Sie am besten eine staubfreie Einstreu, damit sich die Verschmutzungen in Grenzen halten. Auch wenn die männlichen Tiere kastriert sind, kann eine leichte Geruchsbelästigung auftreten. Diese lässt sich auch durch eine regelmäßige Reinigung des Käfigs nicht vollständig vermeiden.

Wie kann das Geschlecht der Meerschweinchen vor dem Kauf bestimmt werden?

Damit Sie nicht plötzlich mit Nachwuchs überrascht werden, ist es wichtig, das Geschlecht der Meerschweinchen zu bestimmten. Vergessen Sie nicht, dass die Tiere schon im Alter von drei bis vier Wochen geschlechtsreif sind. Bei der Bestimmung des Geschlechts vor dem Kauf hilft ihnen der Züchter.

Männchen: Ein deutlicher Abstand zwischen dem After und der Genitalöffnung ist erkennbar. Durch leichten Druck auf den Bauch kurz vor der Präputialöffnung kann der Penis ausgeschachtet werden. Die Geschlechtsöffnung sieht wie ein länglicher Schlitz aus.

Bei bereits erwachsenen männlichen Tieren ist die Bestimmung des Geschlechts noch einfacher. Die Hoden

sind deutlich als Vorwölbungen rechts und links neben dem Anus sichtbar. Sie können die Hoden aber nicht immer ertasten. Meerschweinchen besitzen einen großen Leistenring und sind in der Lage, die Hoden bei Gefahr aktiv in die Bauchhöhle hochzuziehen.

Weibchen: Die große Mündung der Harnröhre ist deutlich sichtbar. Die Geschlechtsöffnung hat die Form eines Ypsilons und wird durch Hautwülste begrenzt. Die Zitzen sind bei Weibchen früher ausgebildet als bei Männchen.

Artgerechte Haltung

Bevor die Meerschweinchen bei Ihnen einziehen, muss das Gehege aufgestellt und eingerichtet werden. Sie können ein fertiges Gehege im Handel kaufen oder einen großen Meerschweinchen-Stall mit Auslauf bei Freilandhaltung selber bauen.

Das Gehege

Für drei Meerschweinchen benötigen Sie mindestens eine Gehege-Grundfläche von zwei Quadratmetern. Meistens sind die Käfige, die im Tierhandel erhältlich sind, wesentlich kleiner. Weibchen benötigen ungefähr 0,5 Quadratmeter Platz, Männchen einen Quadratmeter. Erhöhte Plattformen und Rampen sind kein Bestandteil der Grundfläche, sondern immer ein zusätzliches Angebot.

Gehege aus Holz entsprechen besser dem natürlichen Lebensraum der Meerschweinchen. Oder können Sie sich vorstellen, dass Sie den ganzen Tag hinter Gittern leben? Wahrscheinlich nicht.

Wenn Sie handwerklich geschickt sind, können Sie ein Gehege aus Holz selber bauen. Lassen Sie sich in einem Baumarkt Bretter, die mindestens 30 Zentimeter hoch sind, zuschneiden. Die einzelnen Bretter werden einfach mit Scharnieren verbunden. Der Boden wird mit Teichfolie oder einer Wachstuch-Tischdecke abgedeckt, damit keine Feuchtigkeit zu den unteren Brettern gelangt und einen Schimmelbefall verursacht.

Noch einfacher ist die Verwendung von Stecksystemen, mit denen Sie auch bequem verschiedene Käfigebenen einrichten können.

Im Tierhandel finden Sie auch zahlreiche Kleintiergehege aus Holz mit angeschlossenem Auslauf.

Der Auslauf

Zusätzlich zu dem Gehege benötigen die Meerschweinchen Auslauf. Bei Wohnungshaltung kann dieser auch in einem dafür geeigneten Zimmer erfolgen. Falls es möglich ist, sollten Sie berücksichtigen, dass auch die Meerschweinchen aus Indoor-Haltung gerne einen Ausflug ins Freie unternehmen, um Abwechslung in den Alltag zu bringen.

Der Auslauf sollte immer an das Gehege direkt angrenzen. Öffnungen oder Rampen ermöglichen es den Tieren, in den angrenzenden Auslauf zu gelangen. Schwieriger ist es, wenn Sie eine Bodenwanne benutzen. Hausmeerschweinchen können den hohen Rand nicht überwinden. Das tägliche Heben aus dem Käfig ist immer mit Stress und Angst verbunden. Planen Sie also schon beim Bau des Geheges einen entsprechenden Ausgang in den Auslauf.

Befindet sich der Auslauf im Freien, muss er gut abgesichert sein. Eine Abdeckung nach oben schützt die Tiere vor Raubvögeln. Feste Seitenwände verhindern ein Eindringen von Raubtieren. Wird der Auslauf an einem fixen Standort geplant, kann auch der Boden mit einem Hasenstallgitter abgesichert werden. Dadurch verhindern Sie auch, dass sich die Meerschweinchen unter dem

Gehege durchgraben.

Was müssen Sie bei einer Haltung im Freien beachten?

Meerschweinchen lieben die frische Luft. Der Garten bietet viel Abwechslung durch Insekten und andere Tiere. Gerüche stehen in größerer Anzahl zur Verfügung als in einer Wohnung. Damit die Meerschweinchen sich im Freien sicher fühlen, muss das Gehege gut vor Feinden geschützt sein. Es ist für die Tiere nicht lustig, wenn die Katze des Nachbarn direkt vor dem Auslauf lauert. Wichtig ist ein sicherer Rückzugsort, zum Beispiel ein Kleintiergehege, in dem die Tiere auch vor der Sonne und der Hitze geschützt sind. Sollen die Tiere auch den Winter draußen verbringen, muss das Gehege gut isoliert werden und beheizbar sein.

Soll das Gehege auf einem Balkon aufgestellt werden, achten Sie bitte darauf, dass den Meerschweinchen immer auch Schattenplätze zur Verfügung stehen. Zusätzlich muss der Balkon so gesichert sein, dass die Tiere im Auslauf nicht in Gefahr sind, abzustürzen.

Mit der richtigen Einrichtung wird das Gehege zum Wohntraum

Meerschweinchen bewegen sich gerne, benötigen aber bei Gefahr gute Versteckmöglichkeiten. Stellen Sie eine größere Anzahl von Häuschen auf. Für jedes Tier muss mindestens ein genügend großes Häuschen zur Verfügung stehen. Zusätzliche Abwechslung bieten Tunnel,

74

Brücken, Rampen und breite Rohre aus Kork, durch die die Tiere durchlaufen können. Nadelbaumzweige strukturieren das Gehege zusätzlich. Achtung: Verwenden Sie keine Eiben – die Zweige sind für Meerschweinchen giftig.

Meerschweinchen kuscheln nicht mit ihren Artgenossen, aber Kuschelsäcke oder Hängematten sind durchaus willkommen. Wer verbringt denn nicht gerne seine Ruhepausen in einer kuscheligen Liegefläche? Sie werden beobachten, dass die kleinen Schweinchen richtige Champions beim Chillen sind.

Futter- und Wasserschüsseln

Stellen Sie mehrere Futterschüsseln auf, damit alle Meerschweinchen die Möglichkeit haben, jederzeit zu fressen. Am besten werden die Schüssel auf einer erhöhten Ebene platziert, damit sie nicht durch die Einstreu verunreinigt werden können. Das Heu können Sie in Haufen auf den Boden legen und zusätzlich in an der Gehegewand befestigten Heuhaufen anbieten. Heukugeln, die von der Gehegedecke hängen, sind eine willkommene Abwechslung, da sie Futter und Spiel verbinden.

Die Futterschüsseln müssen jeden Tag gereinigt und neu befüllt werden. Entfernen Sie Gemüse- und Obstreste immer aus dem Gehege.

Wasser kann in Schüsseln oder Nippeltränken angeboten werden. Nicht alle Meerschweinchen sind daran gewöhnt, aus Nippeltränken zu trinken. Sie müssen es erst durch das Beispiel anderer Tiere lernen. Entfernen Sie mit Einstreu verunreinigtes Wasser immer sofort.

Die richtige Einstreu

Der Boden des Geheges muss mit Einstreu bedeckt sein, damit die Meerschweinchen nach Herzenslust graben können. Die Einstreu sollte möglichst staubfrei sein und den Geruch gut binden. Sie können zwischen Einstreu aus Sägespänen, Holzteilchen und Hanfstückchen wählen. Staubt die Einstreu zu stark, beginnen die Augen der Meerschweinchen zu tränen.

In einem größeren Gehege können Sie verschiedene Zonen einrichten. Füllen Sie abwechselnd feinen Sand, Erde und Holzeinstreu in das Gehege.

Generell muss die Einstreu so beschaffen sein, dass sie keine scharfen Kanten aufweist. Überprüfen Sie den Boden des Geheges. Die Einstreu muss kleine Unebenheiten und Schwellen gut abdecken. Durch scharfe Kanten und Buckel entzünden sich die empfindlichen Sohlen der Meerschweinchen. Ballengeschwüre bilden sich.

Katzenstreu ist nicht für die Einstreu eines Meerschweinchen-Geheges geeignet.

Spielzeug

Meerschweinchen klettern gerne. Einige sind auch dem Spielen nicht abgeneigt. Als Spielzeug eignen sich Rollen aus Holz oder Karton, die mit Futter und Heu gefüllt werden. Für Meerschweinchen ist Fressen die wichtigste Sache der Welt. Die Tiere sind den größten Teil des Tages mit der Aufnahme von Futter beschäftigt. Daher sollten die Spiele immer auch mit Futter verbunden sein. Bälle mit Glöckchen, Seile oder Spiegel sind nicht für ein tiergerechtes Spiel geeignet.

Ihr Meerschweinchen will nicht spielen. Vielleicht ist es ein Couch-Potato. Oder es sieht überhaupt nicht ein, warum es eine Rolle bewegen soll, damit Futter herausfällt. Der Heuhaufen in der nächsten Ecke schmeckt doch genauso gut.

Das Basis-Futter

Meerschweinchen sind reine Vegetarier. Sie ernähren sich von Kräutern, Gräsern und Pflanzen. Auch Blätter von Laubbäumen und Obstbäumen werden gerne gefressen. Getreidekörner stehen nur selten und in geringer Menge auf dem Speiseplan. Das wichtigste Basis-Futter für Hausmeerschweinchen ist Heu. Die Tiere knabbern an den Halmen und nutzen so ihre Zähne ab. Das Heu enthält eine große Menge an Ballaststoffen, die den Futterbrei durch den Darm des Meerschweinchens schieben. Sie sorgen für eine gut funktionierende Verdauung.

Auch Meerschweinchen benötigen kulinarische Vielfalt

Auch wenn es möglich wäre, Meerschweinchen ausschließlich mit Heu zu ernähren, wäre diese Ernährungsform nicht gesund. Die Meerschweinchen benötigen zusätzliches Frischfutter. Die Menge sollte ungefähr zehn Prozent des Körpergewichts ausmachen. Meerschweinchen sind aber eher heikle Fresser. Frisches Gras, Kräuter, Löwenzahn und Gänseblümchen werden gerne angenommen. Als Frischfutter sind auch Karotten und Salat gut geeignet. Vor allem Bittersalate treffen den Geschmack der Meerschweinchen. Eine weitere willkommene Abwechslung sind die Blätter von Radieschen.

Kohl verursacht bei den meisten Tieren Blähungen und sollte nicht gefüttert werden. Petersilie und Spinat schmecken zwar, enthält aber große Mengen an Oxalsäure. Fressen die Meerschweinchen davon zu viel, bilden sich schnell Blasensteine. Hülsenfrüchte, Auberginen, Zwiebeln und Knoblauch werden ebenfalls nicht gut vertragen.

Bei Obst sind die Meerschweinchen eher wählerisch. Einige verweigern sogar jedes Obst. Sie können versuchen, Apfelstücke oder Beeren in den Käfig zu legen. Heidelbeeren sind besonders gesund, da sie die Verdauung regulieren. Im Sommer bringt ein Stück Wassermelone Erfrischung und Kühlung.

Saure Obstsorten wie Kiwi oder Zitrusfrüchte verursachen bei Meerschweinchen Hautentzündungen. Exotische Früchte und Steinobst sollten ebenfalls nicht auf dem Speiseplan stehen.

Der richtige Snack

Die Verdauung von Meerschweinchen ist nicht auf die Verwertung von Kohlenhydraten und Zucker ausgelegt. Stehen Getreidekörner täglich zur Verfügung, verfetten die Tiere schnell und leiden unter Zuckerkrankheit. Füttern Sie deshalb Getreidekörner, wenn überhaupt, nur einmal in der Woche. Ein halber Teelöffel ist als Snack durchaus ausreichend.

Kaustangen aus dem Handel sollten von den Meerschweinchen überhaupt nicht gefressen werden. Sie bestehen nur aus Körnern, die mit Zuckersirup zusammengeklebt sind. Auch Drops mit Milch, Joghurt, Schokolade, Erdbeergeschmack oder Ähnlichem sind nicht gesund und haben in der Ernährung von Meerschweinchen nichts zu suchen.

Füttern Sie doch natürliche Snacks. Graben Sie einen kleinen Grasziegel mit Gänseblümchen, Klee oder Löwenzahn im Garten aus. Ihre Meerschweinchen werden den Snack lieben.

Zum Nagen sind die Zweige von ungespritzten Obstbäumen, Birken und Weiden gut geeignet. Die Meerschweinchen sind beschäftigt, schärfen ihre Zähne und nehmen gleichzeitig Ballaststoffe und Bitterstoffe auf.

Achtung: Trockenes Brot oder Kekse sind nicht zum Schärfen der Zähne geeignet. In diesen Nahrungsmitteln ist immer Zucker enthalten. Die Meerschweinchen können die Kohlenhydrate nicht gut verdauen und bekommen Durchfall.

Ist Fertigfutter gesund?

Im Handel erhältliches Fertigfutter besteht meistens nur aus einer Körnermischung und einem kleinen Anteil an getrocknetem Gemüse und Obst. Dieses Futter ist für die Ernährung von Meerschweinchen nicht geeignet.

Es gibt aber auch Fertigfutter, die ausschließlich aus getrockneten Heupellets bestehen. Die Tiere können dieses Futter gut verdauen. Zur Abwechslung sollte aber zusätzlich Frischfutter angeboten werden. Leidet das Meerschweinchen unter Durchfall, können Sie aus den Pellets einen Tee brauen. Übergießen Sie einfach die Pellets mit 70 Grad warmem Wasser und lassen Sie die Mischung ziehen. Sie können die Pellets zerdrücken und Ihrem Meerschweinchen geben. Die Ballaststoffe helfen schnell, die Verdauung wieder zu regulieren.

Auch wenn die Fütterung von Fertigfutter sehr bequem ist, ist sie meistens für die Tiere nicht besonders gesund. Stellen Sie lieber einen abwechslungsreichen Speiseplan aus Heu, Gemüse und Obst auf.

Wie viele Mahlzeiten benötigt ein Meerschweinchen?

Ideal sind vier Mahlzeiten pro Tag. Starten Sie den Tag mit einem Frühstücksbuffet aus frischem Heu. Das Heu sollte in so großer Menge zur Verfügung stehen, dass es den ganzen Tag ausreicht. Füttern Sie drei weitere Mahlzeiten mit Kräutern, Gras, Blättern, Gemüse und Obst. Meerschweinchen lieben es, wenn sie den ganzen Tag frisches Futter zur Verfügung haben.

Futterpflanzen im Auslauf

Natürlich können Sie den Auslauf auch mit Futterpflanzen gestalten. Achten Sie dabei darauf, dass sich innerhalb des Auslaufs keine giftigen Pflanzen befinden.

Geeignete Pflanzen sind:

- Klee

- Salbei

- Oregano

- Thymian

- Majoran

- Basilikum

- Kresse

- Disteln

- Kamille

- Huflattich

- Giersch

- Luzerne

- Taubnesseln

- Schafgarbe

- Vogelmiere

Nicht unbedingt beliebt sind bei den Meerschweinchen folgende Pflanzen:

- Katzenminze
- Schnittlauch
- Lavendel
- Rosmarin
- Zitronenmelisse

Diese Pflanzen sind für Meerschweinchen giftig:

- Bärlauch
- Maiglöckchen
- Bilsenkraut
- Buchsbaum
- Blauregen
- Flieder
- Lorbeer
- Akelei
- Primeln
- Tulpen
- Efeu
- Eisenhut
- Essigbaum

- Farn

- Fingerhut

- Geranien

- Hartriegel

- Holunder

- Krokus

- Märzenbecher

- Lilien

- Seidelbast

- Tomaten

Wie gewöhnen Sie die Meerschweinchen an ihr neues Gehege?

Meerschweinchen lieben zwar die Abwechslung, brauchen aber auch eine gewisse Routine, um sich wohlzufühlen. Ein neues Gehege bedeutet immer Abenteuer und in gewisser Weise auch Stress.

Wird eine Meerschweinchen-Gruppe in ein neues Gehege gesetzt, sollten immer genügend Versteckmöglichkeiten vorhanden sein. Die Tiere erkunden das Gehege, indem sie in Kolonnen laufen und jede Ecke genau inspizieren.

Achten Sie in dieser Zeit darauf, dass die Meerschwein-chen nicht durch laute Geräusche oder schnelle

Bewegungen gestört und verängstigt werden.

Sie wollen die Meerschweinchen-Gruppe erweitern und haben dabei auch das Gehege neu gestaltet. Dann setzen Sie zuerst die Neuankömmlinge in das Gehege. Erst wenn die Tiere alles erkundet haben, können die anderen Meerschweinchen auf einmal dazugesetzt werden. Sicher kommt es jetzt zu Streitigkeiten, da die Rangordnung neu festgelegt werden muss. Stellen Sie zusätzliche Kartons mit zwei Ausgängen auf, damit sich die unterlegenen Tiere zurückziehen können.

Wichtig: Jedes Haus sollte immer über einen zweiten Ausgang verfügen. Will sich ein Meerschweinchen verstecken, flüchtet es in das Haus. Dringt auch der Verfolger durch die Öffnung ein, sitzt es in einer ausweglosen Falle und wird von dem überlegenen Tier verletzt. Ein zweiter Ausgang hilft, solche Situationen zu vermeiden.

Wie werden Meerschweinchen zahm?

Meerschweinchen sind Fluchttiere. Sie benötigen viel Zeit, um sich an die Hand des Menschen zu gewöhnen. Legen Sie Futter auf die Hand und halten Sie diese ruhig in den Käfig. Nach einigen Tagen werden die Tiere sich vorsichtig der Hand nähern. Haben Sie Geduld. Es dauert, bis die Meerschweinchen von Ihrer Hand fressen.

Hausmeerschweinchen können im Gegensatz zu ihren wilden Verwandten gezähmt werden. Das heißt aber nicht, dass die Tiere es schätzen, von Ihnen hochgehoben und gestreichelt zu werden. Meerschweinchen sind keine Kuscheltiere. Ein absolutes Zeichen der Zuneigung ist es, wenn sich das Meerschweinchen der Gehegewand

nähert, wenn Sie in das Zimmer kommen. Vielleicht fordert es Sie durch Strecken des Kopfes zu Berührungen auf. Diese Situation können Sie aber nicht erzwingen. Eine vertrauensvolle Beziehung baut sich nur langsam auf. Auch den Respekt eines Meerschweinchens muss man sich erst einmal verdienen.

Gesundheit und Fortpflanzung

Hausmeerschweinchen können sich das ganze Jahr über fortpflanzen. Deshalb ist es wichtig, die Böcke zu kastrieren, damit unerwünschter Nachwuchs vermeiden wird. Achten Sie darauf, dass Meerschweinchen schon sehr früh geschlechtsreif werden. Auch nach der Kastration darf der Bock nicht sofort wieder zu den Weibchen gesetzt werden. Er bleibt noch für ungefähr sechs Wochen zeugungsfähig.

Was tun, wenn ein Meerschweinchen trächtig wird?

Wenn Ihnen auffällt, dass ein Weibchen trächtig ist, sind die Babys bereits sehr weit entwickelt. Eine Kastration des weiblichen Tieres ist in diesem Zustand gefährlich und sollte nicht durchgeführt werden. Durchschnittlich dauert die Trächtigkeit 68 Tage. Ungefähr sechs Wochen vor der Geburt schwellen die Zitzen an. Der Bauch ist deutlich vergrößert.

Meerschweinchen-Babys sind im Verhältnis zum Becken der Mutter sehr groß. Vor der Geburt erweitert sich der Beckenring durch das Erschlaffen der stabilisierenden Bänder.

Die Geburt

Meerschweinchen sind Nestflüchter. Die Mutter baut deshalb kein Nest. Sie können kurz vor der Geburt mit dem Finger fühlen, dass sich das Becken gelockert hat. Während der Geburt nimmt das Meerschweinchen eine hockende Stellung ein. Meistens beginnt die Geburt in der Nacht, da die Tiere in dieser Zeit ungestört sind.

Die Geburt selbst dauert nur sehr kurz. Die Jungen sind sofort nachher in der Lage, zu laufen. Die Mutter befreit das Junge von den Eihäuten und leckt es sauber. Bei der ersten Geburt werden meistens nur ein bis zwei Jungtiere geboren. Später sind es bis zu sechs Jungen.

Schon nach 1,5 bis 13 Stunden nach der Geburt ist das Weibchen wieder zu einer Paarung bereit.

Die Säugephase

Die Weibchen der Gruppe teilen sich die Aufzucht der Jungen. Laktierende Weibchen sind immer auch dazu bereit, die Jungen anderer Mütter zu säugen. In den ersten 14 Tagen verdoppeln die Jungtiere ihr Gewicht. Obwohl die Weibchen nur zwei laktierende Zitzen besitzen, können sie die Babys drei Wochen lang säugen, da die Jungtiere von Anfang an auch andere Nahrung aufnehmen. Sobald die jungen Meerschweinchen ein Gewicht von 160 Gramm erreicht haben, werden sie von der Mutter abgesetzt. Danach produziert das Muttertier keine Milch mehr.

Steht keine Mutter zur Verfügung, können die Meerschweinchen mit einem Milchersatz aufgezogen werden. Pro Tag werden ungefähr 20 Gramm Milch, verteilt auf bis zu drei Mahlzeiten benötigt. Eine Fütterung mit Kuhmilch wird nicht empfohlen, da schwere Durchfälle auftreten. Kuhmilch enthält zu große Mengen an Laktose.

Zusammensetzung der Ersatzmilch:

- 38 % Magerquark

- 5 % Eigelb

- 33 % Magermilch

- 7 % Rahm mit 30 % Fett

- 48 % Vollmilch

- 1 % Speiseöl (Sonnenblumenöl)

- 2 % Mineralfutter (>Kalzium : Phosphor = 2 : 1)

Die Ersatzmilch muss jeden Tag frisch zusammengemischt werden. Zwischen den Mahlzeiten kann sie gekühlt im Kühlschrank gelagert werden.

Ab dem zweiten Lebenstag erhalten die kleinen Meerschweinchen zusätzlich Heupellets, die mit Wasser zu einem Brei angerührt werden. Durch die Fütterung von zartem Heu wird der Verdauungstrakt an die Verwertung von Ballaststoffen gewöhnt. Ab dem siebenten Lebenstag kann das Jungtier ausschließlich mit fester Nahrung gefüttert werden.

Die wichtigsten Erkrankungen

Meerschweinchen sind eigentlich robuste Tiere. Damit Sie erkennen, wann Ihre Tiere krank sind, sollten Sie die Meerschweinchen täglich genau beobachten. Viele Symptome sind nicht gut sichtbar. Die Schweinchen leiden still vor sich hin. Dabei ist eine schnell einsetzende Therapie sehr wichtig.

Die beste Basis für ein gesundes Leben ist die tiergerechte Haltung, Ernährung und Pflege. Aber auch bei guter Pflege kann es vorkommen, dass die Meerschweinchen krank werden.

Abszesse

Bei Revierkämpfen kann es zu Bissverletzungen kommen. Dringen Bakterien in die Wunden ein, entzünden sich diese. Ein Abszess entsteht.

Das sind die wichtigsten Symptome:

- Schwellung

- Müdigkeit bei Fieber

- Das Futter wird verweigert.

- Das Meerschweinchen sondert sich ab.

- Die Haare sind über dem Abszess gesträubt.

89

Häufig bildet sich ein Abszess direkt am Unterkiefer. Er wird durch eingespießte Heuhalme oder kranke Zähne verursacht.

- Schwellung am Unterkiefer

- Verweigerung des Futters

- Probleme beim Kauen

Der Eiter bei Meerschweinchen ist nicht flüssig, sondern bröckelig und fest. Es besteht keine Chance, dass der Abszess aufgeht und sich der Eiter entleert. Stellen Sie das Meerschweinchen bei einem Verdacht auf einen Abszess immer einem Tierarzt vor. Die Schwellung wird in Narkose gespalten und der Eiter mit einem scharfen Löffel herausgekratzt. Warten Sie nicht zu lange. Wenn sich die Bakterien im Körper des Meerschweinchens ausbreiten, kommt es zu einer Schädigung der Leber. In diesem Zustand erhöht sich das Narkoserisiko stark.

Nach der Operation sollte das Meerschweinchen nicht automatisch Antibiotika erhalten, da diese Medikamente die grampositive Darmflora schädigen. Eine weitere Verschlechterung des Gesundheitszustandes ist die Folge.

Tumore

Tumore bilden sich in der Milchleiste, der Schilddrüse und der Gebärmutter. Der Tierarzt entnimmt eine Gewebeprobe, um festzustellen, ob ein Tumor bösartig oder gutartig ist. Eine Entfernung ist nur durch eine Operation möglich.

Erkrankungen des Verdauungstraktes

Bei Problemen mit den Zähnen kann das Meerschweinchen das Futter nicht mehr gut genug zerkleinern. Der Magen wird überlastet, Verdauungsprobleme entstehen. Weitere Ursachen sind: verdorbenes Futter, Umstellung des Futters und Infektionen mit Bakterien oder Viren.

Symptome:

- Der Bauch ist aufgetrieben.

- Blähungen

- Das Meerschweinchen frisst nicht.

- Apathie

- Durchfall oder Verstopfung

Die Behandlung ist abhängig von der Ursache und sollte immer von einem Tierarzt durchgeführt werden.

So können Sie Erkrankungen des Verdauungstraktes vorbeugen:

- Kontrolle der Zähne

- langsame Umstellung des Futters

- Futter mit vielen Ballaststoffen

- ausreichend Heu

Vor allem bei einem Neuzugang aus einer Tierhandlung müssen Sie in den ersten Wochen auf die Fütterung achten. Die Tiere sind häufig nicht an Frischfutter gewöhnt und reagieren auf das neue Futterangebot mit Durchfall.

Zahnerkrankungen

Die Zähne von Meerschweinchen wachsen ständig. Werden sie nicht abgewetzt und geschärft, kann das Meerschweinchen nicht mehr fressen. Die langen Zähne können sich in das Zahnfleisch bohren und blutende Wunden verursachen. Auch die Backenzähne wachsen. Sie bilden mit den Zähnen des gegenüberliegenden Unterkiefers eine Brücke. Das Meerschweinchen kann die Zunge nicht mehr bewegen. Zahnspitzen verursachen Verletzungen der Mundschleimhaut und Abszesse.

Untersuchen Sie die Zähne regelmäßig. Sollten diese zu lang sein, können sie von einem Tierarzt gekürzt und abgeschliffen werden.

Erkrankungen der Haut

Bei Meerschweinchen treten häufig Pilzinfektionen auf. Meistens zeigen die Tiere keine sichtbaren Symptome, können aber andere Meerschweinchen mit den Sporen der Hautpilze anstecken. Ist ein Meerschweinchen geschwächt, vermehren sich die Pilze auf der Haut. Die Haare brechen ab und fallen aus. Das Meerschweinchen leidet unter dem Juckreiz und scheuert sich an verschiedenen Gegenständen. Auf den blutenden Wunden bildet sich Schorf.

Typisch für eine Pilzerkrankung sind runde, rötliche, haarlose Stellen. Im Zentrum beginnen die Haare bereits wieder zu wachsen. Meistens hat sich der Hautpilz auch schon auf andere Bereiche, die noch von Haaren bedeckt sind, ausgebreitet.

Die befallenen Hautbezirke müssen mit einem Pilzmittel, das Sie bei einem Tierarzt erhalten, gebadet werden. Oft ist es notwendig, das restliche Fell des Meerschweinchens zu entfernen.

So können Sie Pilzerkrankungen vorbeugen:

- Kontrollieren Sie die Luftfeuchtigkeit.

- gesundes und natürliches Futter

- Vermeiden Sie Stress.

- Stärken Sie das Immunsystem der Meerschweinchen durch natürliche Kräuter.

Ballengeschwüre

Die Haut der Sohlen und Ballen ist bei den Meerschweinchen besonders empfindlich. Ist der Käfigboden nicht eben (Schweißstellen bei Plastiktassen), wird beim Laufen auf die Sohlen ein ständiger Druck ausgeübt. Die Sohle ist gerötet. Mit der Zeit bildet sich eine Schwellung, die mit festem Eiter gefüllt ist.

Die Behandlung muss durch einen Tierarzt erfolgen, der das Ballengeschwür spaltet. Die Sohle wird mit einem speziellen Verband entlastet. Ursachen für die Druckstellen müssen aus dem Käfig entfernt werden.

Befall von Parasiten

Meerschweinchen werden von Ektoparasiten und Endoparasiten befallen.

Ektoparasiten:

- Flöhe

- Haarlinge

- Milben

- seltener Läuse

Endoparasiten:

- Kokzidien

Bei einem Befall mit Ektoparasiten leidet das Meerschweinchen unter Juckreiz. Die Haut ist gerötet und
entzündet. Die Haare fallen aus.

Endoparasiten verursachen schwere, blutige
Durchfälle.

Die Behandlung durch einen Tierarzt ist erforderlich.

So können Sie dem Befall von Parasiten vorbeugen:

- gute Hygiene
- Fellpflege
- Quarantäne für Neuankömmlinge
- gesundes, hochwertiges Futter

Myiasis

Unter Myiasis versteht man einen Befall mit Fliegenmaden. Von dieser Erkrankung sind vor allem Meerschweinchen in Freilandhaltung betroffen. Leiden die Tiere unter Durchfall ist das Fell im Bereich des Afters mit Kotresten verklebt. Fliegen legen Eier in das Fell. Die Maden schlüpfen und bohren sich in die Haut. Sie beginnen damit, das Meerschweinchen von innen aufzufressen.

Achten Sie immer darauf, kranke Meerschweinchen aus dem Freigehege zu entfernen und im Haus zu halten.

Erkrankungen der Gebärmutter und der Eierstöcke

Entzündungen der Gebärmutter und Erkrankungen der Eierstöcke treten bei Meerschweinchen sehr häufig auf. Wird die Entzündung der Gebärmutter nicht behandelt, wandern Bakterien ein. Eiter sammelt sich an, die Gebärmutter kann platzen. Hier hilft nur eine sofortige Operation.

An den Eierstöcken bilden sich oft Zysten. Platzen diese, blutet das Meerschweinchen stark in die Bauchhöhle. Durch die Zysten ist auch der Hormonstoffwechsel des Meerschweinchens gestört. Es besteht ein Überschuss an Östrogen. Das Tier magert ab, die Haare fallen aus.

Erkrankungen der Atemwege

Meerschweinchen können sich bei Zugluft schnell erkälten. Sie niesen, unter den Nasenöffnungen bildet sich Sekret, das die Nase verklebt. Wird die Entzündung nicht behandelt, breitet sie sich immer weiter bis zur Lunge aus. Meistens verläuft die Lungenentzündung tödlich. Die Behandlung muss immer durch einen Tierarzt erfolgen.

Symptome:

- Die Atmung ist erschwert.

- Bei der Atmung ist eine deutliche Bauchpresse sichtbar.

- Die Meerschweinchen atmen mit offenem Mund.

- Die Schleimhäute sind blau verfärbt.

So können Sie Erkrankungen der Atemwege vorbeugen:

- Vermeidung von Stress

- gute Hygiene

- staubfreie Einstreu

- Vermeidung von Zugluft

- Absonderung von kranken Tieren

Erkrankungen der Augen

Meerschweinchen reagieren empfindlich auf Zugluft und zu geringe Luftfeuchtigkeit. Die Augen sind gerötet und tränen. Starke Staubbelastungen durch die Einstreu können ebenfalls eine Entzündung der Lidbindehäute verursachen.

Häufig kommen bei Meerschweinchen auch Abszesse, die hinter der Hornhaut des Auges liegen, vor. Sie sehen einen weißen Punkt, der langsam größer wird. Die Sehfähigkeit des Auges ist stark beeinträchtigt.

97

Erkrankungen des Harntraktes

Bei Meerschweinchen können sich durch falsches Futter Blasensteine bilden. Rutschen die Steine in die Harnröhre, verschließen sie diese. Das Meerschweinchen kann keinen Urin mehr absetzen. Der Harn staut sich zurück bis zu den Nieren. Schwere Nierenschäden sind die Folge. Auch wenn die Steine aufgelöst oder entfernt werden, bleiben die Nierenschäden bestehen.

So können Sie Erkrankungen des Harntraktes vorbeugen:

- Vermeiden Sie saure Obstsorten.
- Füttern Sie kein Gemüse mit einem hohen Gehalt an Oxalsäure.
- Füttern Sie kein Gemüse, das viele Nitrate enthält.

Vorbeugung ist besser als Heilung

Erkranken Meerschweinchen, nimmt die Krankheit schnell schwere Formen an. Infektionen enden schnell mit dem Tod des Tieres durch Organversagen. Deshalb ist es besonders wichtig, dass Sie das Verhalten Ihrer Meerschweinchen genau beobachten und bei Veränderungen immer sofort einen Tierarzt aufsuchen.

Besonders wichtig ist auch die Vorbeugung. Achten Sie auf eine gute Hygiene im Käfig, vermeiden Sie Stress und füttern Sie nur hochwertiges natürliches Futter. Dadurch ermöglichen Sie Ihren Meerschweinchen ein langes, gesundes und glückliches Meerschweinchen-Leben.

Die richtige Beschäftigung für Meerschweinchen

Meerschweinchen sind neugierige und intelligente Lebewesen, die Abwechslung im täglichen Alltag lieben. Werden die Tiere nur in einem nicht gut ausgestatteten Käfig gehalten, können sie depressiv werden. Sie sitzen nur noch in einer Ecke und bewegen sich nicht mehr. Dabei können Sie ganz einfach für Abwechslung sorgen. Stellen Sie die Futterschüsseln immer wieder an einen neuen Platz. Auch in der Natur müssen die Meerschweinchen nach dem Futter suchen und bekommen es nicht einfach serviert. Verstecken Sie Futter unter Holztunneln oder in Röhren. Lassen Sie Ihre Meerschweinchen arbeiten, um an das Futter zu gelangen. Hängen Sie eine Heukugel an der oberen Abdeckung des Geheges auf. Die Meerschweinchen müssen sich strecken, um das leckere Heu zu erreichen.

Ihre Meerschweinchen sind an eine Toilette gewöhnt? Wenn ja, sollten Sie diesen Platz immer unverändert lassen.

Probieren Sie doch einmal, mit Ihrem Meerschweinchen zu spielen. Das funktioniert allerdings nur, wenn bereits eine vertrauensvolle Beziehung besteht und die Meerschweinchen zahm sind. Füllen Sie Rollen mit Futter und Heu. Bewegen Sie die Rollen langsam durch den Käfig. Lassen Sie die Tiere nach dem herausfallenden Futter suchen.

Legen Sie Rascheltüten in den Käfig. Sie können die Tüten ganz einfach selber herstellen. Gut geeignet sind Papiertüten aus dem Supermarkt. Füllen Sie etwas Futter in die Tüte und bieten Sie diese den Meerschweinchen an. Die Tiere werden begeistert in die Tüte kriechen und das Futter fressen. Außerdem kann die Papiertüte anschließend mit den Zähnen zerlegt und im Käfig verteilt werden.

Hängen Sie Spieße mit Gemüse in den Käfig. Die Meerschweinchen müssen sich bemühen, die Gemüsestücke von den Holzspießen zu ziehen.

Bauen Sie einen Hindernis-Parcours aus Ziegelsteinen. Legen Sie Futter auf die Ziegelsteine und lassen Sie die Meerschweinchen danach suchen.

Welches Spielzeug ist für Meerschweinchen nicht geeignet?

Futterbälle, die im Tierhandel gekauft werden, bestehen häufig aus einem engen Gitter. Die Meerschweinchen können mit ihren Beinchen zwischen die Stäbe geraten und sich verletzen. Besser ist es, wenn Sie Futterbälle aus Karton basteln.

Meerschweinchen sind keine geschickten Balancierer. Wippen oder Wackelbrücken zu überqueren ist für die Tiere ein gefährliches Unterfangen. Sie können beim Überqueren stürzen und sich Knochen brechen oder anderweitig verletzen.

Training mit einem Clicker kann bei Meerschweinchen problematisch sein. Hier bestehen große individuelle Unterschiede. Meerschweinchen sind Fluchttiere, die sich bei lauten Geräuschen schnell in die sichere Höhle zurückziehen. Probieren Sie daher einen Clicker nur vorsichtig aus. Geben Sie den Meerschweinchen genügend Zeit, um sich an das Geräusch zu gewöhnen.

Dürfen Meerschweinchen an der Leine spazieren gehen?

Im Tierhandel sind eigene Brustgeschirre mit Leine erhältlich. Vor allem Kinder finden es sehr lustig, mit einem Meerschweinchen an der Leine spazieren zu gehen. Für das Tier bedeutet das puren Stress. Es ist ein Fluchttier und wird durch die Leine an der instinktiven Reaktion auf gefährliche Situationen gehindert. Häufig ducken sich die Tiere und versuchen so, der unangenehmen Situation zu entkommen. Sie erstarren vor Angst. Einem Meerschweinchen eine Leine anzulegen, ist Tierquälerei und sollte unter keinen Umständen durchgeführt werden.

Macht es Sinn, mit Meerschweinchen tiergerecht zu spielen?

Spielen bedeutet für den Menschen und die Meerschweinchen Abwechslung und Spaß. Durch die gemeinsame Beschäftigung werden die Bindung vertieft und das Vertrauensverhältnis gestärkt. Achten Sie immer darauf, dass die Spiele an die Meerschweinchen angepasst sind. Ein Erfolg über die Belohnung mit Futter muss immer sofort eintreten. Warten Sie zu lange, verliert das Meerschweinchen das Interesse. Es wendet sich dann einfach dem im Gehege vorhandenen Futter zu und ist nicht mehr dazu zu motivieren, das Spiel wieder aufzunehmen.

Ein richtiges Spiel besteht immer aus: Spiel, Spaß und Belohnung.

Lustige Anekdoten aus der Welt der Meerschweinchen

Es hat lange gedauert, aber Meerschweinchen haben auch in der Kunstwelt ihren Einzug gehalten. Da die Tiere anders als Katzen, Löwen oder Hunde nicht als Symbole für Verhaltensweisen oder Charaktereigenschaften herhalten, wurden sie bis jetzt vernachlässigt. Deshalb hat der bekannte Künstler Cornelius Völker aus Deutschland dem Meerschweinchen eine ganze Bilderserie gewidmet. Doch auch ohne Kunst haben die liebenswerten Tiere einen festen Platz in den Herzen ihrer Besitzer erobert.

Die Meerschweinchen haben auch Hollywood erobert. Ein gutes Beispiel dafür ist der Film G-Force: Agenten mit Biss. Die Meerschweinchen erhalten in einem Labor des FBI einen Universaltranslator. Jetzt können sie sich direkt mit den Menschen unterhalten. Das Meerschweinchen-Team wird eingesetzt, um einen Hersteller von Haushaltsgeräten zu unterwandern. Die Meerschweinchen schlagen sich bis in die Zentrale der Firma durch und retten die Welt vor den kampfbereiten Haushaltsgeräten.

Olga hat es sogar geschafft, der Star eines Buches zu werden. In "Hier kommt Olga da Polga" steht ein charmantes Meerschweinchen mit einer besonderen Begabung für fantasievolle Geschichten im Mittelpunkt.

Dass nicht viele Anekdoten aus der Meerschwein-chen-Welt bekannt sind, liegt vor allem daran, dass die liebenswerten Tiere lieber unter sich bleiben. Schließlich muss man sich das Vertrauen der Meerschweinchen erst verdienen. Und das ist gar nicht so leicht. Doch hat man einmal ihr Herz erobert, erhält man tolle Einblicke in die wunderbare Welt der Meerschweinchen.

Schlusswort

Jetzt sind Sie am Ende des Buches angelangt. Ich bedanke mich bei Ihnen, dass Sie das Buch gekauft und gelesen haben. Sicher haben Sie genügend Informationen erhalten, um mit der Haltung der ersten Meerschweinchen zu beginnen. Nutzen Sie das Buch immer wieder als Nachschlagewerk, um sich noch genauer über die Bedürfnisse der Tiere zu informieren. Sobald die Meerschweinchen sich eingewöhnt und zu Ihnen eine vertrauensvolle Beziehung aufgebaut haben, können Sie auch damit beginnen, die ersten Spiele auszuprobieren.

Ich wünsche Ihnen noch viel Spaß bei der Haltung der Hausmeerschweinchen und Ihren Tieren ein langes, zufriedenes und glückliches Leben!